酒多自醉

一个人的酒博汇

李耀强 著

上海文化出版社

李耀强先生

工作简历：

1988 年　上海船厂团委书记

1990 年　上海船厂劳动人事处副处长

1993 年　上海农工商实业公司（心族集团）副总裁、党委副书记

1997 年　上海浦东新区社会投资经营公司总经理

2000 年　上海浦发集团国资公司副总经理

2002 年　上海浦东两岸开发办副主任

2003 年　金地集团华东公司副总经理

　　　　　未来域、未未来、湾流域三个项目总经理

2013 年　新浩资本副总裁　　大连新光耀项目总经理

2016 年　湖州慧心谷绿奢度假酒店　董事长

社会任职：

1988 年　黄浦区青年联合会副主席

1990 年　浦东新区青年联合会副主席

1993 年　上海浦东青年商会 总干事长

2000 年　沪东重机独立董事

2014 年　复旦大学房产金融同学会秘书长

2017 年　上海市收藏协会酒文化专委会主任

2021 年　湖州市吴兴区人大代表

2023 年　上海市收藏协会副会长

目录

序一
他用酒书写收藏人的梦想

吴少华

　　李耀强先生的酒文化专著要出版了，他嘱我写序。这使我想起了美国思想家梭洛的一句话："如果一个人满怀信心地向着自己梦想的方向前进，并努力过自己所设想的生活，那么，他就会在寻常的时刻里遇到出乎意外的成功。"李耀强就是这样一位成功者，他用酒书写收藏人的梦想。

　　其实，人生的许多梦想，常常就依附于平常的某个生活细节。20世纪90年代，李耀强有一次到河南商丘出差，在一个并不起眼的店铺里发现了各种品牌的陈年白酒，看到那些落着尘埃的酒瓶，以及透过酒瓶窥视到的浓醇之酒泽，让他看到过往岁月竟能如此静凝在无暇之中，他陶醉了。一瞬间，他的耳畔围绕着一句千年老话：酒是陈年的香。古董有人收藏，陈年老酒不就是酒中的古董吗？从此，这个不善饮酒的上海人，与酒结下了终身之缘。

　　从传统收藏的角度，酒的收藏是另类。这种另类收藏，只能发轫于上海滩，因为这里有着并容兼蓄的社会环境与人文气息。辛亥革命上海光复后，有一位功成身退的革命党人叫钱化佛，他进入文化圈子后，先演文明戏，再拍电影，主演过一部《春宵曲》，最后当了画家，擅长画佛，结果他将自己的名字苏汉改为了化（画）佛。这位先贤，发现每天用的自来火盒的商标很好看，在兴趣的支配下，他搜集起火柴盒贴。后来，他还把这个不上台面的爱好传递给梅兰芳和胡适。当时有美国新闻记者采访胡适时，问他用什么身份，胡适想了一想，就说"火柴盒贴收藏家"。钱化佛从火花又拓展到香烟壳子的收藏，一次，钱氏要将火花与烟标联合办个展，吴昌硕闻讯就为他题写了"香火姻缘"。由此看来，另类收藏同样也可登峰造极，这是我在欣赏李耀强先生藏酒时所想到的。

那么，酒究竟是一种东西呢？酒是一种文化，据历史文献记载和考古发掘，中国是世界上最早酿酒的国家，至今大约有六千年历史。现代科学研究认为，酒起源于含糖野果的自然发酵，新石器时期农业出现之后，为酒的酿造提供了条件。在龙山文化出土文物中已发现多种酿酒的器具，古书《素像》中提到的"醪醴"就是远古时代的甜酒。那么，最早的酒是派什么用途的？主要用于祭祀。古人认为，要与冥冥之中的上苍对话，必须要有媒介，酒坛里飘出的一缕缕香醇，就寄托了人们最美好的祈福。这种祭祀用的酒器，我们称为礼器，在国之重器的青铜器文物中，就有酒器的重要地位，它们中有爵、角、觚、觯、杯、罍、尊、壶、卣、觥、罍、瓵、盉、枓、勺、禁、缶等。直到今天，酒的重要地位仍不能撼动，新年有"贺岁酒"，表彰有"庆功酒"，新生儿有"满月酒"，结婚有"喜酒"。所以，酒是一种有魂的文化。

在滚滚的收藏大潮中，李耀强先生成为了中国陈年白酒品种收藏界公认的大咖，被人誉为"滴酒不沾，藏酒三万"。我与耀强相识是酒瓶收藏家宋奇介绍的，与他第一次合作是在2012年春节，其时上海市群众艺术馆举行"第六届海上年俗风情展"，这一年正好是近代"百年春节"的纪念，同时还举行了"照相记录年夜饭"的征集活动。为了能体现年夜饭的特色，市群艺馆吴榕美老师说，最好展出点名酒，以体现年俗气氛。于是我找到了李耀强，他给我们送来了三十前的八大名酒，让很多上了年纪的观众流连忘返。后来，上海市收藏协会为迎接协会三十周年庆而成立了艺术馆（博物馆）联盟，我推荐他加入这个联盟，因为他的白酒收藏馆，让我感到震撼。透过酒，我们看到了他的收藏梦想。

三十度春去秋来，李耀强用酒书写了不寻常的人生之路，他营造起的白酒王国凸现了时代的风采，他收藏的中国陈年白酒总数达 30000 多瓶，品种达 13280 种。上海大世界吉尼斯总部向这位收藏家颁发了三项"中国之最"证书：一是个人收藏白酒品种数量之最；二是个人收藏白酒品牌数量之最；三是个人收藏上海白酒品牌系列数量之最。如此殊誉，怎么不让人有高山仰止的感叹。2017 年 10 月 21 日，李耀强先生又领衔创办上海市收藏协会酒文化专委会，从而将酒的收藏推向更高的层面。

　　一份耕耘，一份收获。如今，李耀强的《酒多自醉——一个人的酒博汇》即将付梓，据我所知，这将是中国白酒文化的一部里程碑式的收藏著作，他用酒书写收藏人的梦想，为当代海派收藏留下了一份诠释。可敬可贺！

　　谨此为序。

吴少华识于癸卯金秋

（作者系上海市收藏协会创始会长）

千秋甘冽 百代清香

张　坚

　　李耀强先生的新作《酒多自醉——一个人的酒博汇》即将付梓，展读之下，给我最大的感触是，他对酒的爱之深、研之深、藏之深！全书都透射出对酒文化传承的拳拳之心。

　　李耀强，1959 年生于上海。三十多年来，他共收藏了近 3 万瓶白酒，成为中国陈年白酒品种收藏第一人。现在，他担任上海市收藏协会酒文化专业委员会的主任。作为上海市收藏协会会长，我为他取得的成就，感到无比欣喜。

　　酒是人类生活中的主要饮料之一。中国酿酒历史源远流长，品种繁多，名酒荟萃，享誉中外。酒祖杜康，万世景仰。约在三千多年前的商周时代，中国人已开始大量酿酒。酒渗透于整个中华五千年的文明史中，从文学艺术创作、文化娱乐到饮食烹饪、养生保健等各方面在中国人生活中都占有重要的位置。

　　古今中外，多少英雄豪杰在出征前喝上一杯"壮行酒"，大有"壮志未酬誓不休"的豪迈气慨；多少文人雅士视酒为吟诗作画的最佳伴侣，沉浸在"人生得意须尽欢，莫使金樽空对月"的浪漫情愫中。我认为，耀强兄的《酒多自醉》一书，给我们展示了以下三个方面：

一、酒之追溯

　　中国是卓立世界的文明古国，是酒的故乡。中华民族五千年历史长河中，酒和酒类文化一直占据着重要地位，该书为我们展示了一部酒的文化史。

众所周知，中国之酒，始终与文化与文人相关联。文人和酒一直有缘分，历代文人多嗜酒。酒能激发语言灵感，活跃形象思维；酒后吟诗作文，每每有佳句华章。而饮酒本身，也往往成为创作素材。一部中国文学史，几乎页页都散发出酒香。李白和杜甫等中国文人的杰出代表，终身都嗜酒如命。

"李白斗酒诗百篇，长安市上酒家眠，天子呼来不上船，自称臣是酒中仙"；杜甫"醉里从为客，诗成觉有神"；苏轼"俯仰各有志，得酒诗自成"；杨万里"一杯未尽诗已成，涌诗向天天亦惊"，这样的例子在中国诗史中俯拾皆是。

而《酒多自醉》则不局限于此，书中还列举了"鸿门宴酒含杀气""关云长温酒斩华雄""刘玄德煮酒论英雄"等刀光剑影的酒场面，以及"曹孟德对酒当歌"的豪迈、"杨贵妃月夜醉酒"的哀怨，使得酒更多地呈现出情节化、趣味化和故事化。这大大拓展了我们对酒历史的丰富、酒文化的精彩的认知。

二、酒之品鉴

酒是人类最古老的食物之一，它的历史几乎是与人类文化史一道开始的。酒文化是中华民族饮食文化的重要组成部分。作为一种物质文化，酒的形态多种多样，其发展历程更是与经济发展史同步。

而在中国，最具有代表性的酒，莫过于白酒了。从某种角度上来说，中国的酒文化就是白酒文化。《酒多自醉》为我们介绍了一套酒的鉴别法。

李耀强童年时，曾从酒店橱窗见到一款酒，酒标图案为古代武将身披铠甲、乘骑骏马的英姿。这偶然的一瞥，使得爱好美术的他，从此与酒结缘半生。走上工作岗位后，从参加企业经营到自主创业，他都广泛接触酒、认识酒，除了熟悉酒文化，更加认识了酒的品种。因为正是酒，储存着他年少时的记忆，记录了他对酿造者的敬意。

经过三四十年的钻研，李耀强学到了鉴定陈年白酒的本领。从酒盖、酒瓶、酒标、酒花等特征上，就可以辨别陈年白酒的质量，还可以用闻香、品尝等方式，区分白酒的不同香型，如酱香型、清香型、浓香型、米香型、凤香型、兼香型等，无一能逃过他的法眼，他由此也成了品酒大师。而这，正反映出他对制酒工艺的熟稔。所以，该书呈现了更丰富的酿酒技艺。

三、酒之收藏

李耀强对酒历史的了解、对酿酒技艺的掌握，与众不同的特别之处，是源于他对酒的收藏，这无疑使他成为酒收藏领域里的最大赢家。他不仅是一位理论型的学者，更是一位实证型的专家，该书为我们展示了一位酒的寻觅者。

20世纪90年代初，李耀强到河南出差，在一家小商铺里，看到有出售各种品牌的陈年白酒。他以自己敏锐的眼光，看到了酒的收藏价值，从此走上了收藏中国白酒的道路，并且一发不可收拾。

李耀强认为，今天的白酒，就是明天的古董。因此，他收得杂。除了茅台、五粮液、汾酒等八大名酒，他着重收藏了全国各地知名度不高的白酒。他认为，一地一酒，均承载着当地的历史文化，见证了社会经济的发展；他收得多。三十多年间，他投入了大量的精力和财力，遍收各地美酒；他收得宽。他收藏的白酒的年份，近至二十年前，远至民国时代，年代宽泛，遍及百年。这些洋洋大观的陈年白酒，既是中国酒业继往开来的见证物，又是近现代酒文化的一道亮丽的风景。

酒的收藏成就了李耀强的事业。故而该书呈现了更高涨的酒价值。

《酒多自醉》还告诉我们，鉴于李耀强在中国白酒收藏方面的突出贡献，上海大世界吉尼斯总部，向他颁发了三项"中国之最"证书：一是个人收藏白酒品种数量之最；二是个人收藏白酒品牌数量之最；三是个人收藏上海白酒品牌系列数量之最。这使他无愧成为中国陈年白酒品种收藏首屈一指之人。

据我所知，李耀强虽热爱酒、收藏酒，却是一位不善饮酒的人。他没有酒量，却有酒风；没有酒胆，却有酒德；没有酒醉，却有酒藏。只藏不饮，终非圣贤，期待他适当开戒。已藏三万矣，能饮一杯无？

掩卷《一个人的酒博》，我感到，作为上海市收藏协会的一员，收藏家李耀强是成功的，他是我们协会的骄傲。我更希望，他能以此书为始，从《酒多自醉——一个人的酒博汇》，走向"多人的酒博"，乃至成为"众人的酒博"，使得中国的白酒事业、上海的收藏事业，更臻完美，再创辉煌。

（作者系上海市收藏协会会长）

酒多情深　不负我心

李耀强

　　收藏，是让文物说话，让历史说话，让文化说话。收藏品是活的档案，是人类记忆的有效载体；收藏品上的历史印痕，是中华文脉永续传承的标志。收藏不仅是对过去的追忆，更是对未来的启示，所以，收藏是一种充满历史价值的文化积淀。

　　我滴酒不沾，藏酒约三万。从与饮酒无缘，到藏酒情深，很多朋友感到奇怪，觉得不易理解，开玩笑说我是爱酒者的另类，藏界的奇葩。其实，我从小学习成绩就很不错，喜欢手绘连环画与看小人书，对许多历史故事印象深刻，例如：鸿门宴美酒含杀气，关云长温酒斩华雄，刘玄德煮酒论英雄，曹孟德对酒当歌，赵匡胤杯酒释兵权；贵妃醉酒，李太白斗酒诗百篇，杜甫每日江头尽醉归；直到革命英雄杨子荣"今日痛饮庆功酒"，李玉和"千杯万盏会应酬"……

　　童年时，我在酒店的橱窗里见到一款酒，酒标图案为古代武将身披铠甲，骑着骏马，姿势究竟是擎枪还是舞旗，记不清了，却让我把美术方面的兴趣扩展到痴迷酒瓶的酒标和书法，那造型各异的酒瓶，也令我爱不释手。再加上中国的小说、戏剧几乎无酒不成篇，唐诗宋词元曲乃至现代诗歌，大多也是有酒更精彩。走上工作岗位后，从企业经营到自主创业，接触到"醉里乾坤大、壶中日月长"的酒场，逐渐了解到酒香、酒风、酒话、酒品、酒性、酒量、酒胆、酒德等皆与中国文化相关，并且还体现着个人修养。

对酒文化的深入了解，使我渐渐沉浸其中，不能自拔，让我走上了对中国陈年白酒的收藏之路；历经数十年努力，其间也得到了许多朋友的帮助，使我有所收获。2019 年 10 月，上海大世界基尼斯总部为我颁发了中国藏酒"三个第一"的证书：一是个人收藏白酒品种数量之最；二是个人收藏白酒品牌数量之最；三是个人收藏上海白酒品牌数量之最。我的藏酒中，有 177 个品种的酒为上海生产，反映了我对生长于斯的上海这座城市的深情。著名作家叶辛等各界朋友参观了我的藏酒后，写了不少文字，抒发自己的喜悦、赞叹乃至震撼。

烟酒是公众日常的大宗消费与政府财税收入的重要来源。中华人民共和国成立以来至改革开放之初，全国各地建立了许多小酒厂，即使是这些小企业生产的酒，也是当地经济发展的见证与公众消费水平的反映，属于历史进程的文物。

更可贵的是，早期的白酒假冒伪劣与坑蒙拐骗尚未滋长，按质论价与货真价实普遍可信，不少地方酒享有"隔壁千家醉，开坛十里香"的盛誉。20 世纪 60 年代贵州茅台酒每瓶 4.3 元，地方名酒濉溪大曲每瓶 1.64 元，贵州茅台价格仅为濉溪大曲的 2.6 倍，两者之间酒质差距并不悬殊。改革开放之前的许多陈酒，珍藏至今，一般都是佳酿。

随着改革开放的深入，资本运作的广告宣传一定程度操纵了白酒市场的消费导向，一些地方的县镇酒厂有的关停，有的倒闭，有的被兼并。如果我们不去收集这些作为中国白酒生产史料的文物，任其湮没，消逝在历史的长河里，将留下中国白酒收藏难以弥补的遗憾。

陈年白酒特别是已经停产的白酒都是白酒收藏的古董。我希望通过收藏保留这一段历史，以实物展现当年中国各地众多品牌的酿酒师、生产者辛勤劳动的成果，让白酒消费者回忆起当年那些温馨的生活片断。

在我入行之初，收藏国家八大名酒的风尚已经流行多年。我和别人的收藏路径和而不同，理念通而有异。我的收藏理念是："野花也艳目，村酒醉人多"，贵族平民一视同仁，高中低档兼容并收，重在求全。所以我既收藏八大名酒，更执著地收藏各种地方名酒，包括那些品牌不甚知名的小酒。

虽然地方小酒附加值低，升值空间小，不入藏家法眼，但我受到京昆戏一枝独秀与地方戏百花齐放关系的启示，认为：小酒有小酒的价值，好水、好粮、好技师、好配方酿好酒，是白酒生产的共识，一些小酒厂也都选择好的井水、泉水，聘请好的酿酒技师，按照好的传统工艺，以工匠精神努力生产好酒。由于受到经济落后、交通闭塞、小富即安习俗等多重因素的局限，缺乏营销的宣传，不会讲故事，好酒埋没在穷乡，始终不能走出当地，更不能做大变强，未充分体现出其应有的价值。如果一旦需要考证中国酒文化的传统工艺，这些小酒都是无价之宝。

我收藏白酒不是为了升值、为了投资、为了变现，而是为了欣赏，为了保存那一段历史。许多小品种的酒，越是小众的酒，尤其是那些酒厂关闭之前生产的的酒，我更是从心底里喜欢。因为这些酒，无官府态，远富贵相，有乡土气息，如车间师傅、田舍老农，见证了平民的历史，传承了各地不同白酒的制作技艺，值得重点收藏。这种酒收藏一瓶，就是保留了一方水土的好井、好泉、好配方的工艺与好技师的手艺。

方向正确，执著终有回报。我收藏的一些早期生产的各类地方小酒，现在已经一瓶难求，有些甚至变成了孤品。

经过三四十年的耳濡目染，我还学到了鉴定陈年白酒的本领。现在我从酒盖、酒瓶、酒标、酒花上，就可以辨别陈年白酒的真假和大致年份，也能听酒花判断陈年白酒的质量，还可以用闻香、品尝等方式，区分出白酒的不同香型。

收藏的境界总是不断超越占有，走向奉献。我一直有个心愿：向大众展示自己的藏品，请更多的同道欣赏。2017 年，我到湖州创业，湖州市吴兴区人民政府为了挖掘湖州的酒文化历史，弘扬中国酒文化，投资 5000 万元人民币，已在建设一座展览陈年白酒的文化艺术馆，竣工之后将向公众开放。我花了三四十年收藏的白酒，也将在那里亮相。十分期待有更多的人通过湖州白酒艺术馆里的实物，进一步全面了解中国白酒演化和发展的历史。

上海收藏界的龙头组织——上海市收藏协会，为了进一步弘扬中国酒文化，在 2017 年成立了酒文化专业委员会，并推选我为主任。七年来我感到了肩负着的沉甸甸的责任，一直全身心地投入这项工作，和酒友一起，不遗余力地传播着中国的酒文化。

我会永远铭记，是集体的力量成就了我的收藏，并将以此鼓舞自己为收藏事业的繁荣奉献个人的微薄力量。

在收藏中国白酒的路上，我之所以能取得一点成绩，前辈与同仁是我学习的榜样，热爱是我的动力。没有榜样，便无目标；没有动力，便无进步。所有过往，皆为序章。唯有不舍昼夜，激情前行，才能继续行稳致远，不负时代，不负师友，不负我心。

期待各位师友与读者批评指正。

2023 年 11 月 2 日

中国 17 大国家名酒和 53 种优质酒

第五次全国评酒会，1989 年 1 月在安徽合肥举行。这次评酒会收到的样品和评出的奖项之多，都堪称历史之最。参赛的样品酒有 362 种，其中，浓香型 198 种，酱香型 43 种，清香型 41 种，米香型 16 种，其他香型 64 种，最后决出金质奖 17 枚，银质奖 53 枚。

这次评酒会最突出的转变，是白酒降度，导致低度酒参评数量由第四次的 8 个猛增到 128 个，酒度除 38—39 度外，还有少量的 28 度及 33 度酒。这是行业贯彻 1987 年 3 月由国家经委、轻工业部、商业部、农牧渔业部联合召开的全国酿酒工业增产节约工作会议所要求的四个转变，即"高度酒向低度酒转变；蒸馏酒向酿造酒转变；粮食酒向果类酒转变；普通酒向优质酒转变"的结果。

本书中展示的酒，是本人根据十七大国家名酒和五十三种优质酒品种，在所藏三万多瓶酒中挑选出来的，以供读者欣赏。

17 大国家名酒

品　　牌　五星牌
品　　名　贵州茅台酒
生产厂家　地方国营茅台酒厂
产　　地　贵州
生产年份　20 世纪 70 年代

品牌　洋河牌　品名　洋河大曲
产地　江苏　生产年份　1988年
生产厂家　江苏省洋河酒厂

品牌　古井亭牌　品名　汾酒
产地　山西　生产年份　1978年
生产厂家　山西杏花村汾酒厂

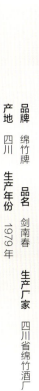

品牌　绵竹牌　品名　剑南春
产地　四川　生产年份　1979年
生产厂家　四川省绵竹酒厂

品牌　古井牌　品名　古井贡酒
产地　安徽　生产年份　1988年
生产厂家　安徽省亳州古井酒厂

品　　牌　交杯牌
品　　名　五粮液
生产厂家　四川宜宾五粮液酒厂
产　　地　四川
生产年份　1983 年

品牌　凤凰牌　品名　西凤酒　生产厂家　陕西凤翔西凤酒厂

产地　陕西　生产年份　1975年

品牌　红城牌　品名　董酒　生产厂家　贵州省遵义董酒厂

产地　贵州　生产年份　1979年

品牌　青羊牌　品名　全兴大曲　生产厂家　四川省成都酒厂

产地　四川　生产年份　1978年

品牌　工农牌　品名　泸州老窖特曲酒　生产厂家　四川省泸州曲酒厂

产地　四川　生产年份　1977年

品　　牌　黄鹤楼牌
品　　名　黄鹤楼酒
生产厂家　武汉酒厂
产　　地　湖北
生产年份　1988 年

品　　牌　山河牌
品　　名　双沟大曲
生产厂家　地方国营江苏双沟酒厂
产　　地　江苏
生产年份　1977 年

品牌　宋河牌　品名　宋河粮液
产地　河南　生产年份　1988年
生产厂家　河南省宋河酒厂

品牌　沱牌　品名　沱牌曲酒
产地　四川　生产年份　1983年
生产厂家　四川省射洪沱牌曲酒厂

品牌　武陵牌　品名　武陵酒
产地　湖南　生产年份　1985年
生产厂家　湖南省常德武陵酒厂

品牌　宝丰牌　品名　宝丰大曲
产地　河南　生产年份　1978年
生产厂家　河南省宝丰酒厂

品　　牌　郎泉牌
品　　名　郎酒
生产厂家　四川省古蔺县朗酒厂
产　　地　四川
生产年份　1979 年

53 种优质酒

品　　牌　龙滨牌
品　　名　龙滨酒
生产厂家　地方国营哈尔滨龙滨酒厂
产　　地　黑龙江
生产年份　1977 年

品牌　德山牌　品名　德山大曲

产地　湖南　生产年份　1977年

生产厂家　中国湖南常德酒厂

品牌　叙府牌　品名　叙府大曲

产地　四川　生产年份　1983年

生产厂家　四川省宜宾市曲酒厂

品牌　湘山牌　品名　湘山酒

产地　广西　生产年份　1979年

生产厂家　广西全州湘山酒厂出品

品牌　浏阳河牌　品名　浏阳河小曲

产地　湖南　生产年份　1988年

生产厂家　湖南省浏阳河县酒厂

品牌　象山牌　品名　桂林三花酒　生产厂家　广西桂林饮料厂出品
产地　广西　生产年份　1985年

品牌　双沟牌　品名　双沟特液　生产厂家　江苏双沟酒厂
产地　江苏　生产年份　1988年

品牌　洋河牌　品名　洋河大曲　生产厂家　江苏洋河酒厂
产地　江苏　生产年份　1988年

品牌　津牌　品名　津酒　生产厂家　天津酿酒厂
产地　天津　生产年份　1988年

品牌　张弓牌　品名　张弓特曲

产地　河南　生产年份　1988年

生产厂家　河南省宁陵张弓酒厂

品牌　迎春牌　品名　迎春酒

产地　河北　生产年份　1988年

生产厂家　河北廊坊市酿酒厂

品牌　凌川牌　品名　凌川白酒

产地　辽宁　生产年份　1979年

生产厂家　地方国营锦州凌川酒厂

品牌　辽海牌　品名　老窖酒

产地　辽宁　生产年份　1982年

生产厂家　大连酒厂

品牌　麓台牌　品名　六曲香　生产厂家　山西省祁县六曲香酒厂

产地　山西　生产年份　1985年

品牌　凌塔牌　品名　凌塔酒　生产厂家　辽宁省朝阳县酒厂

产地　辽宁　生产年份　1988年

品牌　胜洪牌　品名　中国老白干　生产厂家　黑龙江省哈尔滨白酒厂

产地　黑龙江　生产年份　1979年

品牌　龙泉春牌　品名　龙泉春特液　生产厂家　吉林辽源市龙泉酒厂

产地　吉林　生产年份　1988年

品牌　向阳牌　品名　陈曲酒　生产厂家　内蒙古赤峰市第一制酒厂
产地　内蒙古　生产年份　1988年

品牌　燕潮酩牌　品名　燕潮酩　生产厂家　河北省三河县燕郊酒厂
产地　河北　生产年份　1988年

品牌　庆丰牌　品名　金州曲酒　生产厂家　辽宁省金县酿酒厂
产地　辽宁　生产年份　1983年

品牌　稻穗牌　品名　白云边酒　生产厂家　湖北省松滋县酒厂
产地　湖北　生产年份　1981年

品牌 坊子牌　**品名** 坊子白酒

产地 山东　**生产年份** 1992年

生产厂家 山东省坊子酒厂

品牌 珠江桥牌　**品名** 玉冰烧

产地 广东　**生产年份** 1988年

生产厂家 中国粮油进出口总公司广东省食品分公司

品牌 西陵牌　**品名** 西陵特曲

产地 湖北　**生产年份** 1989年

生产厂家 湖北省宜昌市酒厂

品牌 红梅牌　**品名** 玉泉酒

产地 黑龙江　**生产年份** 20世纪80年代

生产厂家 黑龙江玉泉酒厂

品牌 二峨牌　品名 二峨大曲　生产厂家 四川二峨曲酒厂

产地 四川　生产年份 1988 年

品牌 濉溪牌　品名 口子酒　生产厂家 安徽淮北市濉溪酒厂

产地 安徽　生产年份 1978 年

品牌 三苏牌　品名 三苏特曲　生产厂家 四川国营眉山三苏酒厂

产地 四川　生产年份 1987 年

品牌 习水牌　品名 习酒　生产厂家 贵州习水酒厂

产地 贵州　生产年份 1988 年

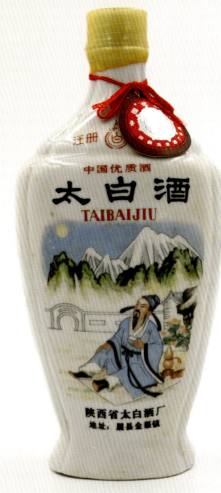

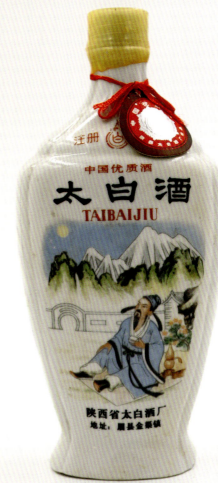

品牌 三溪牌 品名 三溪大曲 生产厂家 四川省泸州三溪酒厂

产地 四川 生产年份 1988年

品牌 太白牌 品名 太白酒 生产厂家 陕西省太白酒厂

产地 陕西 生产年份 1984年

品牌 孔府牌 品名 孔府家酒 生产厂家 山东省曲阜市酒厂

产地 山东 生产年份 1990年

品牌 重岗山牌 品名 双洋特曲 生产厂家 江苏省国营双洋酒厂

产地 江苏 生产年份 1986年

品牌　芳醇凤牌　品名　北凤酒　生产厂家　黑龙江宁安酒厂

产地　黑龙江　生产年份　1987 年代

品牌　丛台牌　品名　丛台酒　生产厂家　河北省邯郸市酒厂

产地　河北　生产年份　1988 年

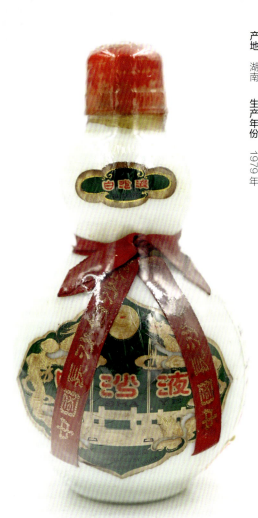

品牌　白沙牌　品名　白沙液酒　生产厂家　湖南长沙酒厂

产地　湖南　生产年份　1979 年

品牌　大明塔牌　品名　宁城老窖　生产厂家　内蒙古宁城县八里罕酒厂

产地　内蒙古　生产年份　1988 年

品牌　四特牌　品名　四特酒　生产厂家　江西樟树四特酒厂 出品

产地　江西　生产年份　1987年

品牌　仙潭牌　品名　仙潭大曲　生产厂家　四川古蔺县曲酒厂

产地　四川　生产年份　1989年

品牌　汤沟牌　品名　汤沟特曲　生产厂家　江苏汤沟酒厂

产地　江苏　生产年份　20世纪80年代

品牌　安字牌　品名　安酒　生产厂家　贵州省安顺市酒厂

产地　贵州　生产年份　1988年

品牌　杜康牌　品名　杜康酒　生产厂家　河南省伊川杜康酒厂

产地　河南　生产年份　1980年

品牌　诗仙牌　品名　诗仙太白陈曲　生产厂家　四川省万县地区太白酒厂

产地　四川　生产年份　1984年

品牌　林河牌　品名　林河酒　生产厂家　河南省商丘林河酒厂

产地　河南　生产年份　1983年

品牌　宝莲牌　品名　宝莲大曲　生产厂家　四川省资阳县酒厂

产地　四川　生产年份　1988年

品牌　珍牌　品名　珍酒　生产厂家　贵州省珍酒厂

产地　贵州　生产年份　20世纪80年代

品牌　金钟牌　品名　晋阳春酒　生产厂家　山西太原徐沟酒厂

产地　山西　生产年份　1988年

品牌　高沟牌　品名　高沟特曲　生产厂家　江苏高沟酒厂

产地　江苏　生产年份　1988年

品牌　筑春牌　品名　筑春酒　生产厂家　贵州省军区酒厂

产地　贵州　生产年份　1988年

品牌　湄字牌　品名　湄窖　生产厂家　贵州省湄潭酒厂
产地　贵州　生产年份　1988年

品牌　德惠牌　品名　德惠大曲　生产厂家　吉林省德惠县酿酒厂
产地　吉林　生产年份　1978年

品牌　黔春牌　品名　黔春酒　生产厂家　贵州省贵阳酒厂
产地　贵州　生产年份　1988年

品牌　濉溪牌　品名　濉溪特液　生产厂家　安徽省淮北市口子酒厂
产地　安徽　生产年份　1992年

中国各省市
地方酒掠影

北京白酒众多

北京地区酿酒历史悠久，最早始于战国时期，酒文化博大精深，名酒更是众多。北京的酒文化经过历史的变迁和发展，才形成了今天具有当地特色的酒文化。

北京盛产的白酒中，二锅头家喻户晓，在全国也有知名度。酒液清亮透明，香气芬芳，酒质醇厚，入口甘润，酒力强劲，后劲绵长，回味悠长，是北京市历史传统名酒。它以"醇厚甘冽"的独特酒质，饮誉全国，是酒坛上的一枝名花。产量大、信誉高，为北京白酒之冠。

昌平县位于北京市西北部，是北京市著名的产酒地区，该地区在新石器时代中期就已经开始酿酒。昌平酿酒厂于1974年开始试制麸曲酱香型白酒，因该厂位于燕山之麓，故取名为燕岭春。燕岭春酒选用优质高粱、小麦为原料，依照酱香型酒的传统工艺操作，堆积生香，长期发酵，缓慢馏酒，贮存老熟，以勾兑调配等方法酿制而成。酒液清澈透明，酱香突出，香气馥郁，醇厚味长，入口绵柔醇和，饮后回甜，余香悠长。燕岭春酒于1981年被评为北京市优质产品。

平谷县酿酒历史悠久，早在3400年前酒业就已盛行，县志载："初伏日居民各以面造酒曲，二月春分日造春分酒，九月九日酿菊酒。"盘峰仙酿酒属其他香型麸曲酒，酒液无色透明，清头酱尾，芳香悦人，绵甜爽净，酒体协调，低而不淡，后味绵长，1993年获香港国际名酒博览会金奖。清代酿制烧酒，销往京师称为北路酒。1985年在沟河粮液基础上投产低度酒，因平谷县东靠盘山，以盘山仙人酿酒之传说而得名盘峰仙酿。

华灯头曲由北京市顺义县牛栏山酒厂选用优质高粱、小麦为原料酿造。酒质无色透明，芳香浓郁，入口绵甜，酒体协调，尾净爽口，回味悠长。评酒专家鉴定为："酒香浓郁，入口绵柔，醇厚甜润，香味协调，尾子干净，饮后舒服"，实为酒中佳品。华灯牌华灯头曲于 1988 年被评为北京市优质产品。

北京大曲是浓香型大曲酒，属于北京特曲的姊妹酒。此酒经人工泥池老窖发酵，熟糠配料，热水打浆，中温蒸馏，分质贮存，精心勾兑而成。酒液无色清澈透明，酒体醇厚，绵甜协调，落喉净爽，回味悠长。1973 年投产，1979 年和 1984 年两次被评为北京市优质产品。

十月酩酒属浓香型白酒，酒液无色，清亮透明，芳香浓郁，微有酱香，酒体醇厚，入口绵甜，回味悠长，尾子干净，酒度为 55 度。十月酩酒曾于 1983 年参加北京市评酒会，被评为北京市优质产品。

龙凤大曲酒属浓香型大曲酒，酒液无色、清亮透明，窖香浓郁，绵甜柔和，口味醇厚，余味爽净，具有浓香型大曲酒的典型风格，1983 年被评为北京市优质产品。

此外，北京还有俗称"北京茅台酒"的华都酒和京都头曲 (京都牌)、通州老窖酒 (通州牌)、醇酿曲酒 (京乐牌)、京宫酒 (京宫牌)、莲花白酒 (仁和牌)、流霞酒 (流霞牌)、古钟大曲酒 (古钟牌)、北京特曲 (华灯牌)、八达岭特曲 (八达岭牌) 等多种品牌的白酒。

品　　牌　芦沟桥牌
品　　名　芦沟桥大曲酒
生产厂家　北京芦沟桥酒厂
产　　地　北京
生产年份　1978 年

品　　牌　洵河牌
品　　名　洵河粮液
生产厂家　北京平谷酒厂
产　　地　北京
生产年份　1988 年

品　　牌　洵河牌
品　　名　京海大曲
生产厂家　北京平谷酒厂
产　　地　北京
生产年份　1995 年

品　　牌　洵河牌
品　　名　神州醉
生产厂家　北京平谷酒厂
产　　地　北京
生产年份　1990 年

品　　牌　洵河牌
品　　名　华夏头曲
生产厂家　北京平谷酒厂
产　　地　北京
生产年份　1990 年

品　　牌　洵河牌
品　　名　中都大曲
生产厂家　北京平谷酒厂
产　　地　北京
生产年份　1988 年

品　　牌　八达岭牌
品　　名　八达岭特曲
生产厂家　北京八达岭酿酒厂
产　　地　北京
生产年份　1987 年

品　　牌　燕都牌
品　　名　燕都大曲
生产厂家　北京平谷酒厂
产　　地　北京
生产年份　1987 年

品　　牌　潮白河牌
品　　名　红粮大曲
生产厂家　北京市牛栏山酒厂
产　　地　北京
生产年份　1994 年

品　　牌　港来牌
品　　名　京醇醉
生产厂家　北京颐和园酒厂
产　　地　北京
生产年份　1997 年

品　　牌　红星牌
品　　名　红星二锅头
生产厂家　北京酿酒总厂
产　　地　北京
生产年份　1985 年

品　　牌　古钟牌
品　　名　华城头曲
生产厂家　北京酿酒厂
产　　地　北京
生产年份　1982 年

品　　牌　古钟御牌
品　　名　古钟御酒
生产厂家　北京酿酒厂
产　　地　北京
生产年份　1993 年

品　　牌　鹤泉牌
品　　名　阿凌达酒
生产厂家　中国商业部食品酿造研究所
产　　地　北京
生产年份　1995 年

品　　牌　红星牌
品　　名　二锅头酒
生产厂家　北京酿酒总厂
产　　地　北京
生产年份　1977 年

品　　牌　华灯牌
品　　名　华灯头曲
生产厂家　北京市牛栏山酒厂
产　　地　北京
生产年份　1996 年

品　　牌　华灯牌
品　　名　北京特曲
生产厂家　北京市曲酒厂
产　　地　北京
生产年份　1987 年

品　　牌　华喜牌
品　　名　中华喜酒
生产厂家　北京凤河曲酒厂
产　　地　北京
生产年份　1989 年

品　　牌　惠中牌
品　　名　惠中头曲
生产厂家　北京平谷酒厂
产　　地　北京
生产年份　1994 年

品　　牌　洁然堂牌
品　　名　鼎酒
生产厂家　北京洁然堂酒业研发中心
产　　地　北京
生产年份　1997 年

品　　牌　京都牌
品　　名　京都大曲
生产厂家　北京凤河曲酒厂
产　　地　北京
生产年份　1985 年

品　　牌　京都牌
品　　名　京都头曲
生产厂家　北京凤河曲酒厂
产　　地　北京
生产年份　1989 年

品　　牌　京乐牌
品　　名　醇酿曲酒
生产厂家　国营北京永乐店酿酒厂
产　　地　北京
生产年份　1985 年

品　　牌　菊花牌
品　　名　菊花白酒
生产厂家　北京仁和酒厂
产　　地　北京
生产年份　1981 年

品　　牌	军功牌
品　　名	二锅头酒
生产厂家	北京龙泉酿造厂
产　　地	北京
生产年份	1990 年

品　　牌	流霞牌
品　　名	华兴大曲
生产厂家	国营北京大兴酒厂
产　　地	北京
生产年份	1982 年

品　　牌	流霞牌
品　　名	流霞特液
生产厂家	国营北京大兴酒厂
产　　地	北京
生产年份	1988 年

品　　牌	流霞牌
品　　名	醉流霞酒
生产厂家	国营北京大兴酒厂
产　　地	北京
生产年份	1992 年

品　　牌	流霞牌
品　　名	醉流霞酒
生产厂家	国营北京大兴酒厂
产　　地	北京
生产年份	1991 年

品　　牌	流霞牌
品　　名	醉流霞酒
生产厂家	国营北京大兴酒厂
产　　地	北京
生产年份	1991 年

品　　牌　龙凤牌
品　　名　花下醉
生产厂家　北京龙凤酒厂
产　　地　北京
生产年份　1984 年

品　　牌　八达岭牌
品　　名　八达岭大曲
生产厂家　北京八达岭酿酒厂
产　　地　北京
生产年份　1984 年

品　　牌　芦沟桥牌
品　　名　芦沟桥曲酒
生产厂家　北京凤河曲酒厂
产　　地　北京
生产年份　1989 年

品　　牌　芦沟桥牌
品　　名　举杯吟特曲
生产厂家　北京平谷酒厂
产　　地　北京
生产年份　1983 年

品　　牌　明都牌
品　　名　明都液
生产厂家　北京平谷酒厂
产　　地　北京
生产年份　1991 年

品　　牌　盘峰牌
品　　名　盘峰仙酿
生产厂家　北京豪特酿酒公司
产　　地　北京
生产年份　1995 年

品　　牌　盘峰牌
品　　名　盘峰仙酿
生产厂家　北京平谷酒厂
产　　地　北京
生产年份　1989 年

品　　牌　泉花牌
品　　名　泉花曲香酒
生产厂家　北京清河泉酒厂
产　　地　北京
生产年份　1982 年

品　　牌　泉花牌
品　　名　泉花大曲
生产厂家　北京清河泉酒厂
产　　地　北京
生产年份　1982 年

品　　牌　泉花牌
品　　名　康乐大曲
生产厂家　北京清河泉酒厂
产　　地　北京
生产年份　1988 年

品　　牌　前门牌
品　　名　前门御酒
生产厂家　北京前门楼酒业有限公司
产　　地　北京
生产年份　2011 年

品　　牌　万寿牌
品　　名　万寿曲酒
生产厂家　北京玉泉酒厂
产　　地　北京
生产年份　1985 年

品　　牌　十月酩牌
品　　名　十月酩陈酿老窖
生产厂家　国营北京燕东酒厂
产　　地　北京
生产年份　1984 年

品　　牌　燕东酩牌
品　　名　二锅头酒
生产厂家　国营北京燕东酒厂
产　　地　北京
生产年份　1983 年

品　　牌　燕东酩牌
品　　名　北京老白干
生产厂家　北京市燕东酒厂
产　　地　北京
生产年份　1997 年

品　　牌　燕东酩牌
品　　名　北京白酒
生产厂家　北京醇集团燕东酒厂
产　　地　北京
生产年份　1997 年

品　　牌　燕都牌
品　　名　燕都特曲
生产厂家　北京平谷酒厂
产　　地　北京
生产年份　1982 年

品　　牌　燕岭春牌
品　　名　燕岭春酒
生产厂家　北京市昌平酒厂
产　　地　北京
生产年份　1988 年

品　　牌　燕翔牌
品　　名　燕翔精烧
生产厂家　北京平谷酒厂
产　　地　北京
生产年份　1992 年

品　　牌　永乐牌
品　　名　醇酿曲酒
生产厂家　国营北京市永乐店酿酒厂
产　　地　北京
生产年份　1978 年

品　　牌　中华牌
品　　名　清香罗木酒
生产厂家　北京葡萄酒厂
产　　地　北京
生产年份　1977 年

品　　牌　龙凤牌
品　　名　龙凤大曲
生产厂家　北京龙凤酒厂
产　　地　北京
生产年份　1984 年

天津的白酒也很有名

天津地理条件优越，生产出来的白酒品质也很高，著名的有这么几款：

大帝王酒是高端型白酒，采用山泉好水，饱满多浆的高粱和小麦，选材用心，高端大气。芦台春酒酿酒用水源自燕山山脉，几经矿化，水中含适量的氧气，属弱碱性纯天然矿泉水，是白酒酿造的最佳水质。特定的自然条件赋予芦台春酒独特的风味。

津沽大曲酒在1979年被评为天津名酒。津沽大曲酒是浓香型大曲酒，具有清澈透明、芳香浓郁、入口绵甜、酒香纯正、余香长久、回味甜润等特点，饮后有浓郁的苹果香味。翠屏玉液酒质如玉，醇香甘绵、入喉净爽，各味协调，是一款口感符合消费者需求的美酒，1986年被天津市评为优质产品。

春酩液属大曲浓香型白酒，投产于1982年，以优质高粱为原料，

运用人工老窖精心勾兑酿制而成。该酒无色透明，酒质醇和香郁，入口甘绵，回味悠长。

此外，天津还有汉泉酒、琼浆酒、天尊酒、津牌津酒等多款白酒。这些老酒因为一代代传承的手艺，已成为天津的文化符号。

品　　牌　直沽牌
品　　名　直沽高粱酒
生产厂家　天津酿酒厂
产　　地　天津
生产年份　20 世纪 70 年代

品　牌	风船牌
品　名	竹叶青酒
生产厂家	天津市果酒厂
产　地	天津
生产年份	20 世纪 70 年代

品　牌	风船牌
品　名	竹叶青酒
生产厂家	天津市果酒厂
产　地	天津
生产年份	20 世纪 80 年代

品　牌	长城牌
品　名	竹叶青酒
生产厂家	中国粮油食品进出口公司天津监制
产　地	天津
生产年份	20 世纪 80 年代

品　牌	金花牌
品　名	汾州黄酒
生产厂家	中国粮油食品进出口公司天津监制
产　地	天津
生产年份	20 世纪 80 年代

品　牌	金花牌
品　名	高粱酒（反面）
生产厂家	天津食品进出口公司监制
产　地	天津
生产年份	20 世纪 90 年代

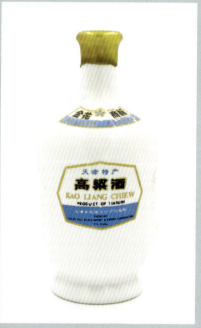

品　牌	金花牌
品　名	高粱酒（正面）
生产厂家	天津食品进出口公司监制
产　地	天津
生产年份	20 世纪 90 年代

品　　牌　金花牌
品　　名　五加皮酒（正面）
生产厂家　天津食品进出口公司监制
产　　地　天津
生产年份　20 世纪 90 年代

品　　牌　金花牌
品　　名　五加皮酒（反面）
生产厂家　天津食品进出口公司监制
产　　地　天津
生产年份　20 世纪 90 年代

品　　牌　金花牌
品　　名　玫瑰露酒
生产厂家　中国粮油食品进出口公司天津监制
产　　地　天津
生产年份　20 世纪 90 年代

品　　牌　金星牌
品　　名　高粱酒
生产厂家　中国粮油食品进出口公司天津监制
产　　地　天津
生产年份　20 世纪 80 年代

品　　牌　渔阳牌
品　　名　翠屏玉液
生产厂家　天津市蓟县白酒厂
产　　地　天津
生产年份　20 世纪 80 年代

品　　牌　桂月牌
品　　名　桂月特曲
生产厂家　天津市渔阳酿酒厂
产　　地　天津
生产年份　20 世纪 90 年代

品　牌　直沽牌
品　名　直沽高粱酒
生产厂家　天津酿酒厂
产　地　天津
生产年份　20 世纪 80 年代

品　牌　直沽牌
品　名　津沽头曲酒
生产厂家　天津市津沽酒厂
产　地　天津
生产年份　20 世纪 80 年代

品　牌　汉泉牌
品　名　汉泉酒
生产厂家　天津市汉沽酒厂
产　地　天津
生产年份　20 世纪 80 年代

品　牌　挂月牌
品　名　金爵酒
生产厂家　天津市渔阳酿酒二厂
产　地　天津
生产年份　20 世纪 90 年代

品　　牌　新桥牌
品　　名　芦台春
生产厂家　天津市宁河县酒厂
产　　地　天津
生产年份　20 世纪 80 年代

品　　牌　盘山牌
品　　名　盘龙老酒
生产厂家　天津市蓟县盘泉酿酒厂
产　　地　天津
生产年份　20 世纪 90 年代

品　　牌　盘山牌
品　　名　泉玉酒
生产厂家　天津市渔阳酿酒二厂
产　　地　天津
生产年份　20 世纪 80 年代

品　　牌　风船牌
品　　名　天津陈酿
生产厂家　天津果酒厂
产　　地　天津
生产年份　20 世纪 80 年代

品　　牌　天津牌
品　　名　天津大曲
生产厂家　国营天津酿酒厂
产　　地　天津
生产年份　20 世纪 80 年代

品　　牌　宴宾牌
品　　名　天津二锅头酒
生产厂家　天津市宴宾酿酒厂
产　　地　天津
生产年份　20 世纪 90 年代

品　　牌　蓟北雄关牌
品　　名　蓟北雄关大曲
生产厂家　天津市渔阳酿酒二厂
产　　地　天津
生产年份　20 世纪 80 年代

品　　牌　天酿牌
品　　名　天酿琼浆
生产厂家　国营天津酿酒厂
产　　地　天津
生产年份　20 世纪 80 年代

品　　牌　天尊牌
品　　名　天尊酒
生产厂家　天津市宁河县酒厂
产　　地　天津
生产年份　20 世纪 80 年代

品　　牌　天尊牌
品　　名　天尊曲酒
生产厂家　天津市宁河县酒厂
产　　地　天津
生产年份　20 世纪 90 年代

品　　牌	天神牌
品　　名	天神酒
生产厂家	天津市直沽酿酒厂
产　　地	天津
生产年份	20 世纪 80 年代

品　　牌	津牌
品　　名	津酒
生产厂家	天津酿酒厂
产　　地	天津
生产年份	20 世纪 80 年代

品　　牌	津宁牌
品　　名	津宁白酒
生产厂家	国营天津市宁河县白酒厂
产　　地	天津
生产年份	20 世纪 90 年代

品　　牌	园春酩牌
品　　名	园春酩
生产厂家	天津市武清酿酒厂
产　　地	天津
生产年份	20 世纪 80 年代

品　　牌	风船牌
品　　名	俄斯克
生产厂家	天津市果酒厂
产　　地	天津
生产年份	20 世纪 80 年代

品　　牌	风船牌
品　　名	白葡萄酒
生产厂家	天津市果酒厂
产　　地	天津
生产年份	20 世纪 80 年代

上海是多种酒交汇之地

上海五方杂处，各种文化交织，黄酒、白酒、啤酒、洋酒都有一席之地。上海的酿酒历史，大多数指黄酒，也有白酒，如上海老窖、七宝大曲等。上海的酿酒历史，在明清时期即酿有烧酒、黄酒、药酒。清代乾隆元年（1736年），《江南通志》载："上海有清酒，曰烧清。"1915年在北京国货展览会上，上海有三家酒坊获一等、二等奖。同年在美国旧金山巴拿马赛会上，有一家获名誉奖、两家获金牌奖、四家获银牌奖。1929年在工商部中华国货展览会上有六家酒坊获优、一、二等奖。1932年时有各种酒坊54家。

民俗学者最新考证认为，作为地名的"上海"，其实是"因酒而来"，而不是人们以往认为的"上海起源于小渔村"。"上海"一词最早出现于宋代管理酒税的机关"上海务"。"上海务"的职责即管理酿酒、征收酒税，这是上海最早的行政机构。在"上海务"的基础上，南宋朝廷建立了"上海镇"，地址就在今天上海的中华路人民路环线内。

上海的白酒主要有哪些呢？

最著名的当属七宝大曲。这个酒选用优质高粱为原料，经低温发酵、定温蒸馏、量质取酒、陈贮老熟、科学勾兑等工序而酿成。特制的七宝大曲属兼香型白酒，无色透明，清馨淡雅，醇香馥郁，清浓兼备，诸味协调，口感柔和，绵甜爽净，余香悠长，1986年被评为上海市优质产品。特级玉液由七宝酒厂生产，原料选用优质高粱、大麦、小麦，属低度浓香型白酒。酒液清澈透明，口味纯正，获得过商业部优质产品称号和银爵奖。

熊猫牌乙级大曲曾是老上海人记忆深刻的一款白酒。《上海市志》记载：1926年，桂信佐兄弟两人在上海创办了中国酿酒有限公司，当时靠着酿造各种红酒和白酒初露头角。1956年，酒厂更名为中国酿酒厂，此时仍以生产补酒和药酒为主，尤其是五加皮药酒销量最好，名扬上海。

1958年，中国酿酒厂注册了熊猫牌白酒，当年酿造的乙级大曲家喻户晓。到了20世纪80年代初，熊猫牌乙级大曲已成为上海最有名的白酒品牌，销量遥遥领先其他品牌白酒。1982年荣获上海市优质白酒称号，1985年被商业部评为优质名酒。20世纪80年代是熊猫牌乙级大曲最为辉煌的时期。

神仙大曲是以优质高粱、小麦、大麦为配制原料，采用人工老窖、低温发酵、缓慢馏酒、质量摘酒、分类陈贮、精心勾兑而酿成。神仙大曲属浓香型大曲白酒，酒液清亮透明，入口绵甜爽净，回味悠长不绝。生产神仙大曲酒的四团酒厂创建于1958年，以当地"神仙鱼"的传说，取名神仙大曲酒。

江南头曲由江南啤酒厂生产，以优质糯高粱、大麦、小麦和豌豆为配制原料酿造，具有浓香型大曲酒的风格，醇厚甘爽，酒体丰满，余味较长，尾子纯净，1984年被评为上海市优质产品，获商业部优质产品称号及金爵奖。

十全大补酒是上海市华光啤酒厂生产的，将基础酒配入党参、当归、茯苓、川芎、白芍、肉桂、甘草、白术、黄芪、熟地等中药材，经浸渍、渗漉、调配、陈贮等工序，配制酿造而成。十全大补酒属植物类露酒，酒液呈赤褐色，芳香浓郁，具有陈年黄酒的酯香和药香，绵甜适口。该酒系参照宋代十全大补汤处方创制，畅销全国，出口港澳地区及新加坡、马来西亚、澳大利亚、德国、英国、日本等国家。

此外，上海还有神仙特曲、上海特曲、乙级大曲、召楼头曲以及啤酒、果酒等多种地方酒。

品　　牌　神仙牌
品　　名　神仙大曲
生产厂家　上海奉贤四团酒厂
产　　地　上海
生产年份　20 世纪 70 年代

品　　牌　神仙牌
品　　名　神仙白酒（红标）
生产厂家　上海奉贤四团酒厂
产　　地　上海
生产年份　20 世纪 70 年代

品　　牌　神仙牌
品　　名　神仙大曲
生产厂家　上海四团酒厂
产　　地　上海
生产年份　20 世纪 80 年代

品　　牌　神仙牌
品　　名　神仙头曲
生产厂家　上海神仙酒厂
产　　地　上海
生产年份　20 世纪 90 年代

品　　牌　神仙牌
品　　名　神仙礼酒
生产厂家　上海神仙酒厂
产　　地　上海
生产年份　21 世纪初

品　　牌　神仙牌
品　　名　神仙特曲
生产厂家　上海神仙酒厂
产　　地　上海
生产年份　20 世纪 80 年代

品　　牌　神仙牌
品　　名　神仙大曲
生产厂家　上海市四团酒厂
产　　地　上海
生产年份　20 世纪 80 年代

品　　牌　神仙牌
品　　名　神仙头曲
生产厂家　上海市四团酒厂
产　　地　上海
生产年份　20 世纪 80 年代

品　　牌　神仙牌
品　　名　神仙头曲
生产厂家　上海市四团酒厂
产　　地　上海
生产年份　20 世纪 90 年代

品　　牌　神仙牌
品　　名　神仙头曲
生产厂家　上海神仙酒厂
产　　地　上海
生产年份　20 世纪 90 年代

品　　牌　神仙牌
品　　名　原浆酒
生产厂家　上海神仙酒厂
产　　地　上海
生产年份　21 世纪初

品　　牌　船牌
品　　名　上海二锅头
生产厂家　上海江南啤酒厂
产　　地　上海
生产年份　20 世纪 80 年代

品　　牌　船牌
品　　名　江南二麯
生产厂家　上海江南啤酒厂
产　　地　上海
生产年份　20 世纪 80 年代

品　　牌　船牌
品　　名　上海特曲
生产厂家　上海江南啤酒厂
产　　地　上海
生产年份　20 世纪 80 年代

品　　牌　船牌
品　　名　江南头曲
生产厂家　上海江南啤酒厂
产　　地　上海
生产年份　20 世纪 80 年代

品　　牌　船牌
品　　名　江南头曲
生产厂家　上海江南啤酒厂
产　　地　上海
生产年份　20 世纪 80 年代

品　　牌　船牌
品　　名　上海白酒
生产厂家　上海江南啤酒厂
产　　地　上海
生产年份　20 世纪 70 年代

品　　牌　船牌
品　　名　上海白酒
生产厂家　上海江南啤酒厂
产　　地　上海
生产年份　20 世纪 70 年代

品　　牌　船牌
品　　名　召楼头曲
生产厂家　上海召楼酒厂
产　　地　上海
生产年份　20 世纪 70 年代

品　　牌　船牌
品　　名　上海头曲
生产厂家　上海江南啤酒厂
产　　地　上海
生产年份　20 世纪 80 年代

品　　牌　船牌
品　　名　上海头曲
生产厂家　上海江南啤酒厂
产　　地　上海
生产年份　20 世纪 80 年代

品　　牌　古桥牌
品　　名　七宝大曲
生产厂家　上海酒厂
产　　地　上海
生产年份　20 世纪 70 年代

品　　牌　古桥牌
品　　名　上海大曲
生产厂家　上海酒厂
产　　地　上海
生产年份　20 世纪 70 年代

品　　牌　古桥牌
品　　名　七宝老窖
生产厂家　上海七宝酒厂
产　　地　上海
生产年份　20 世纪 80 年代

品　　牌　古桥牌
品　　名　七宝头曲
生产厂家　上海七宝酒厂
产　　地　上海
生产年份　20 世纪 80 年代

品　　牌　古桥牌
品　　名　上海白酒
生产厂家　上海七宝酒厂
产　　地　上海
生产年份　20 世纪 80 年代

品　　牌　古桥牌
品　　名　上海大曲
生产厂家　上海七宝酒厂
产　　地　上海
生产年份　20 世纪 80 年代

品　　牌　古桥牌
品　　名　特级玉液
生产厂家　上海七宝酒厂
产　　地　上海
生产年份　20 世纪 90 年代

品　　牌　古桥牌
品　　名　七宝白酒
生产厂家　上海七宝酒厂
产　　地　上海
生产年份　20 世纪 80 年代

品　　牌　古桥牌
品　　名　七宝大曲
生产厂家　上海七宝酒厂
产　　地　上海
生产年份　20 世纪 80 年代

品　　牌　古桥牌
品　　名　七宝古桥大曲
生产厂家　上海七宝酒厂
产　　地　上海
生产年份　20 世纪 90 年代

品　　牌　古桥牌
品　　名　上海二曲
生产厂家　上海酒厂出品
产　　地　上海
生产年份　20 世纪 70 年代

品　　牌　熊猫牌
品　　名　玉液香
生产厂家　中国酿酒厂
产　　地　上海
生产年份　20 世纪 70 年代

品　　牌　熊猫牌
品　　名　玉液香
生产厂家　中国酿酒厂
产　　地　上海
生产年份　20 世纪 90 年代

品　　牌　熊猫牌
品　　名　熊猫特曲
生产厂家　中国酿酒厂
产　　地　上海
生产年份　20 世纪 80 年代

品　　牌　熊猫牌
品　　名　杨梅烧酒
生产厂家　中国酿酒厂
产　　地　上海
生产年份　20 世纪 80 年代

品　　牌　熊猫牌
品　　名　人参酒
生产厂家　中国酿酒厂
产　　地　上海
生产年份　20 世纪 80 年代

品　　牌　熊猫牌
品　　名　熊猫特曲
生产厂家　中国酿酒厂
产　　地　上海
生产年份　20 世纪 90 年代

品　　牌　熊猫牌
品　　名　竹叶青
生产厂家　中国酿酒厂
产　　地　上海
生产年份　20 世纪 80 年代

品　　牌　熊猫牌
品　　名　桂花酒
生产厂家　中国酿酒厂
产　　地　上海
生产年份　20 世纪 80 年代

品　　牌　熊猫牌
品　　名　玉液香
生产厂家　中国酿酒厂
产　　地　上海
生产年份　20 世纪 90 年代

品　　牌　熊猫牌
品　　名　姜酒
生产厂家　中国酿酒厂
产　　地　上海
生产年份　20 世纪 80 年代

品　　牌　熊猫牌
品　　名　绿豆烧
生产厂家　中国酿酒厂
产　　地　上海
生产年份　20 世纪 80 年代

品　　牌　华佗牌
品　　名　蜂皇胎补酒
生产厂家　上海华光啤酒厂
产　　地　上海
生产年份　20 世纪 80 年代

品　　牌　双喜牌
品　　名　上海老酒
生产厂家　中国上海
产　　地　上海
生产年份　20 世纪 70 年代

品　　牌　天鹅牌
品　　名　上海曲香酒
生产厂家　上海啤酒厂
产　　地　上海
生产年份　20 世纪 80 年代

品　　牌　白天鹅牌
品　　名　白兰地
生产厂家　上海啤酒厂
产　　地　上海
生产年份　20 世纪 80 年代

品　　牌　东风牌
品　　名　召楼大曲
生产厂家　上海召楼酒厂
产　　地　上海
生产年份　20 世纪 70 年代

品　　牌　味美瓶牌
品　　名　乙级大曲
生产厂家　上海美味瓶酒饮料厂
产　　地　上海
生产年份　20 世纪 80 年代

品　　牌　灯塔牌
品　　名　瀛洲大曲
生产厂家　上海新建酒厂
产　　地　上海
生产年份　20 世纪 70 年代

品　　牌　象头牌
品　　名　金酒
生产厂家　中国酿酒厂
产　　地　上海
生产年份　20 世纪 80 年代

品　　牌　象头牌
品　　名　人参酒
生产厂家　中国酿酒厂
产　　地　上海
生产年份　20 世纪 80 年代

品　　牌　象头牌
品　　名　伏特加酒
生产厂家　中国酿酒厂
产　　地　上海
生产年份　20 世纪 70 年代

品　　牌　象头牌
品　　名　威士忌
生产厂家　中国酿酒厂
产　　地　上海
生产年份　20 世纪 90 年代

品　　牌　象头牌
品　　名　桂花酒
生产厂家　中国酿酒厂
产　　地　上海
生产年份　20 世纪 90 年代

品　　牌　象头牌
品　　名　朗姆酒
生产厂家　中国酿酒厂
产　　地　上海
生产年份　20 世纪 90 年代

品　　牌　乐和牌
品　　名　上海小香槟
生产厂家　上海梦仙罐头厂
产　　地　上海
生产年份　20 世纪 80 年代

品　　牌　象头牌
品　　名　薄荷酒
生产厂家　中国酿酒厂
产　　地　上海
生产年份　20 世纪 80 年代

品　　牌　象头牌
品　　名　薄荷利齐酒
生产厂家　中国酿酒厂
产　　地　上海
生产年份　20 世纪 80 年代

品　　牌　庄源大牌
品　　名　庄源大绿豆烧
生产厂家　中国酿酒厂
产　　地　上海
生产年份　20 世纪 80 年代

品　　牌　望新牌
品　　名　嘉定大曲
生产厂家　上海望新酒厂
产　　地　上海
生产年份　20 世纪 80 年代

品　　牌　淀山湖牌
品　　名　蜜清醇
生产厂家　上海淀山湖酒厂
产　　地　上海
生产年份　20 世纪 90 年代

品　　牌　仙鹤牌
品　　名　郁金香酒
生产厂家　上海嘉定酿造厂
产　　地　上海
生产年份　20 世纪 80 年代

品　　牌　香雪牌
品　　名　上海香雪酒
生产厂家　上海工农酒厂
产　　地　上海
生产年份　20 世纪 80 年代

品　　牌　丰收牌
品　　名　桂花陈酒
生产厂家　中国粮油食品进出口公司监制
产　　地　上海
生产年份　20 世纪 70 年代

品　　牌　飞鹤牌
品　　名　参桂养荣酒
生产厂家　上海中药制药二厂
产　　地　上海
生产年份　20 世纪 90 年代

品　　牌　顺德桥牌
品　　名　上海甲级黄酒
生产厂家　上海练塘酒厂
产　　地　上海
生产年份　20 世纪 80 年代

品　　牌　青梅牌
品　　名　青梅佳酒
生产厂家　中国酿酒厂
产　　地　上海
生产年份　20 世纪 90 年代

品　　牌　顺德桥牌
品　　名　上海甲级黄酒
生产厂家　上海练塘酒厂
产　　地　上海
生产年份　20 世纪 80 年代

品　　牌　醉八仙牌
品　　名　糯米桂花酒
生产厂家　上海淀山湖商榻酒厂
产　　地　上海
生产年份　20 世纪 80 年代

品　　牌　金枫牌
品　　名　上海花雕酒
生产厂家　上海枫泾酒厂
产　　地　上海
生产年份　20 世纪 80 年代

品　　牌　金枫牌
品　　名　上海花雕酒
生产厂家　上海枫泾酒厂
产　　地　上海
生产年份　20 世纪 80 年代

河北的白酒也不错

河北历史文化悠久，也有悠久的白酒文化，以衡水老白干，老白干香型为代表，以优质高粱为原料，纯小麦曲为糖化发酵剂，地缸发酵，精心酿制。1915年获"巴拿马万国物品博览会金奖"，是"中国驰名商标"。

河北地处华北平原，是天然粮仓，做酒的原料很多，所以生产的白酒也多。燕潮酩是河北地方名酒之一，以当地产的优质红高粱为主料，曾被评为全国优质酒。刘伶醉获"首批中国食品文化遗产""首批中华老字号"和"中国驰名商标"。迎春酒在河北当地被誉称"北方小茅台"。板城烧锅酒是中国国家地理标志产品，取料于塞外高寒作物，具有饮后"口不干、不上头"的特点，先后获得"中国名酒"等上百项荣誉称号。丛台酒也是中国国家地理标志产品。

此外，河北还有三井小刀、沙城老窖、十里香、龙潭特曲、山庄老酒、鹿鸣春、三祖龙尊、张家口老窖、泥坑酒、五合窖、将军岭酒、御河春等多种地方名酒。

品　　牌　廉州牌
品　　名　陈酿特曲
生产厂家　地方国营藁城酒厂
产　　地　河北
生产年份　1978 年

品　　牌　机耕牌
品　　名　四粮液
生产厂家　地方国营河北省威县酒厂
产　　地　河北
生产年份　1982 年

品　　牌　张华牌
品　　名　张华酒
生产厂家　河北张华酿酒集团公司
产　　地　河北
生产年份　1995 年

品　　牌　豹子头牌
品　　名　豹子头酒
生产厂家　河北龙戏珠集团豹子头酿酒公司
产　　地　河北
生产年份　1994 年

品　　牌　丛台牌
品　　名　丛台酒
生产厂家　邯郸丛台酒业股份有限公司
产　　地　河北
生产年份　1999 年

品　　牌　古顺牌
品　　名　古顺特曲
生产厂家　国营邢台市酿酒厂
产　　地　河北
生产年份　1984 年

品　　牌　古顺牌
品　　名　古顺头曲
生产厂家　国营邢台市酿酒厂
产　　地　河北
生产年份　1991 年

品　　牌　九龙醉牌
品　　名　九龙醉酒
生产厂家　河北省丰宁满族自治县酒厂
产　　地　河北
生产年份　1988 年

品　　牌　馆陶牌
品　　名　馆陶陈酒
生产厂家　馆陶县曲酒厂
产　　地　河北
生产年份　1985 年

品　　牌　春竹牌
品　　名　古遂醉
生产厂家　河北省粮油食品进出口公司
产　　地　河北
生产年份　1993 年

品　　牌	衡水牌
品　　名	衡水老白干
生产厂家	河北省衡水制酒厂
产　　地	河北
生产年份	1991 年

品　　牌	衡水牌
品　　名	老白干
生产厂家	河北省衡水制酒厂
产　　地	河北
生产年份	1992 年

品　　牌	同庆牌
品　　名	金龙特曲
生产厂家	河北省永清县国营酿酒厂
产　　地	河北
生产年份	1994 年

品　　牌	甘陵春牌
品　　名	东阳酒
生产厂家	河北省故城县酿酒厂
产　　地	河北
生产年份	1989 年

品　　牌	甘陵春牌
品　　名	甘陵春酒
生产厂家	河北省故城县酿酒厂
产　　地	河北
生产年份	1994 年

品　　牌	遂河泉
品　　名	保定大曲
生产厂家	河北省保定市遂河泉酒厂
产　　地	河北
生产年份	1996 年

品　　牌　祁州牌
品　　名　祁州陈酿
生产厂家　河北省安国市制酒厂
产　　地　河北
生产年份　1990 年

品　　牌　祁州牌
品　　名　华兴白酒
生产厂家　河北省安国酒厂
产　　地　河北
生产年份　1992 年

品　　牌　平泉牌
品　　名　平泉头曲
生产厂家　中国承德平泉酿酒厂
产　　地　河北
生产年份　1985 年

品　　牌　卫河桥牌
品　　名　精制滴溜酒
生产厂家　河北省大名县酒厂
产　　地　河北
生产年份　1985 年

品　　牌　卫河桥牌
品　　名　精制滴溜酒
生产厂家　河北省大名县酒厂
产　　地　河北
生产年份　1999 年

品　　牌　专供
品　　名　浭阳原浆酒
生产厂家　河北唐山曹雪芹酒业有限公司
产　　地　河北
生产年份　2010 年

品　　牌　青竹牌
品　　名　刘伶醉
生产厂家　河北省徐水县酒厂
产　　地　河北
生产年份　1992 年

品　　牌　青竹牌
品　　名　洺水特曲
生产厂家　河北粮油食品进出口公司
产　　地　河北
生产年份　1982 年

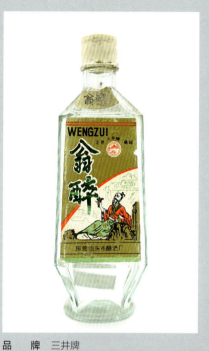

品　　牌　三井牌
品　　名　翁醉酒
生产厂家　国营泊头市酿酒厂
产　　地　河北
生产年份　1983 年

品　　牌　桑乾河牌
品　　名　长城老窖
生产厂家　河北省涿鹿酒厂
产　　地　河北
生产年份　1987 年

品　　牌　桑乾河牌
品　　名　喜酒
生产厂家　河北省涿鹿酒厂
产　　地　河北
生产年份　1988 年

品　　牌　桑干河牌
品　　名　黄帝泉白酒
生产厂家　河北省涿鹿酿酒总厂
产　　地　河北
生产年份　1989 年

品　　牌　泸沱河牌
品　　名　红楼酒
生产厂家　石家庄市正定县制酒厂
产　　地　河北
生产年份　1989 年

品　　牌　赵州桥牌
品　　名　石家庄大曲
生产厂家　石家庄市制酒厂
产　　地　河北
生产年份　1999 年

品　　牌　乾隆醉牌
品　　名　乾隆醉
生产厂家　河北承德县酒厂
产　　地　河北
生产年份　1989 年

品　　牌　洺山牌
品　　名　洺泉大曲
生产厂家　河北永年洺西酒厂
产　　地　河北
生产年份　1981 年

品　　牌　洺水牌
品　　名　洺水御液
生产厂家　国营河北威县酿酒厂
产　　地　河北
生产年份　1982 年

品　　牌　众环牌
品　　名　喜龙大曲
生产厂家　地方国营河北省盐山县酒厂
产　　地　河北
生产年份　1991 年

品　　牌　金樽牌
品　　名　御苑醇
生产厂家　河北国营海兴酿酒厂
产　　地　河北
生产年份　1990 年

品　　牌　六郎春牌
品　　名　六郎春酒
生产厂家　河北张华酿酒集团公司
产　　地　河北
生产年份　1993 年

品　　牌　龙岩牌
品　　名　龙岩泉酒
生产厂家　河北省康保酒厂
产　　地　河北
生产年份　1983 年

品　　牌　廉州牌
品　　名　浓香酒
生产厂家　石家庄地区廉州酒厂
产　　地　河北
生产年份　1980 年

品　　牌　燕潮酩牌
品　　名　燕潮酩
生产厂家　河北省三河县燕郊酒厂
产　　地　河北
生产年份　1984 年

品　　牌　燕潮酩牌
品　　名　燕潮酩
生产厂家　河北省三河县燕郊酒厂
产　　地　河北
生产年份　1985 年

品　　牌　燕潮铭牌
品　　名　吉祥纯金箔酒
生产厂家　中国河北省三河县燕郊酒厂
产　　地　河北
生产年份　1992 年

品　　牌　通会楼牌
品　　名　张飞醉酒
生产厂家　河北省涿县酿酒厂
产　　地　河北
生产年份　1982 年

品　　牌　永年牌
品　　名　永年特曲
生产厂家　河北省永年县酒厂
产　　地　河北
生产年份　1986 年

品　　牌　武遂君牌
品　　名　醉仙人
生产厂家　河北省徐水县瀑泉酒厂
产　　地　河北
生产年份　1999 年

品　　牌　丰年牌
品　　名　玉田老酒
生产厂家　国营玉田酿酒厂
产　　地　河北
生产年份　1992 年

品　　牌　龙岩牌
品　　名　清香大曲
生产厂家　河北省康保县酒厂
产　　地　河北
生产年份　1985 年

品　　牌　全顺牌
品　　名　全顺特曲
生产厂家　河北赵王酒业有限公司
产　　地　河北
生产年份　1991 年

品　　牌　老龙潭牌
品　　名　沙城老窖
生产厂家　河北长城酿酒公司沙城酒厂
产　　地　河北
生产年份　1985 年

品　　牌　平泉牌
品　　名　山庄老酒
生产厂家　河北省平泉县酿酒厂
产　　地　河北
生产年份　1986 年

品　　牌　平泉牌
品　　名　山庄老酒
生产厂家　国营承德平泉酿酒厂
产　　地　河北
生产年份　1983 年

品　　牌　诗竹牌
品　　名　诗竹大曲
生产厂家　河北省涿县酿酒厂
产　　地　河北
生产年份　1987 年

品　　牌　古井牌
品　　名　竹叶青
生产厂家　河北省元氏宋曹制酒厂
产　　地　河北
生产年份　1982 年

品　　牌　玉龙牌
品　　名　玉龙老窖
生产厂家　河北省肃宁县鄂冀联营晨光制酒厂
产　　地　河北
生产年份　1985 年

品　　牌　遂鹤仙牌
品　　名　徐水头曲
生产厂家　河北省徐水遂北酒厂
产　　地　河北
生产年份　1987 年

品　　牌　宴宾牌
品　　名　宴宾酒
生产厂家　中国邯郸酒厂
产　　地　河北
生产年份　1988 年

品　　牌　三井牌
品　　名　迎宾酒
生产厂家　河北省泊头市酿酒厂
产　　地　河北
生产年份　1991 年

品　　牌　羊羔美牌
品　　名　羊羔美酒
生产厂家　河北省栾城酒厂
产　　地　河北
生产年份　1993 年

品　　牌　栾丰牌
品　　名　新古栾春陈曲老窖
生产厂家　石家庄冀峰集团总公司
产　　地　河北
生产年份　1996 年

山西是白酒重要发源地和产地

　　山西是中国白酒的重要发源地和产地，为全国人民提供了优质白酒和文化。古时候杏花村的酿酒名声就已经非常大了。在 1500 年前，汾酒被北齐的武成帝推荐为宫廷的御酒，从此汾酒就被封为"国之瑰宝"，是公认的最早的国酒。汾酒之所以如此出名，是因为它独具特色的清香味，含有丰富的矿物质，具有泉水特有的清甜甘冽。

　　山西的名酒大多是清香型的白酒，因此清香型的白酒也被称为汾香型的白酒。汾酒是中国清香型白酒的鼻祖，是中国清香型白酒的典范。汾酒一直都以清香、纯正、绵甜、净爽、延绵为主要的口感特色，是清香型白酒的国家标准范本。

　　清香型的白酒主要是以高粱为酿造的原料，全部的酿造工艺讲究一个"清"字。杏花村的酿酒历史可以追溯到 6000 多年前的仰韶文化时期；杏花村汾酒的发展历史可以追溯到公元 537 年的南北朝时期，是汾酒最早的史料记载。

　　竹叶青是中国古老的保健名酒，它的历史可以追溯到南北朝时期。以优质的汾酒为基础，搭配十多种名贵的中草药材，经过独特的酿造工艺酿造而成，口感清醇甜美，具有明显的养生保健作用。竹叶青和汾酒共同产自汾阳的杏花村，在全国评酒会上被评为全国十八大名酒之一。

　　无论是汾酒、竹叶青、汾阳王还是晋泉等酒，这些在杏花村酿造的白酒带着当地特有的清香型味道，山西生产的白酒最为出名，就是其酿造工艺极其精细。

品　　牌　杏花村牌
品　　名　汾酒
生产厂家　山西杏花村汾酒厂
产　　地　山西
生产年份　1967 年

品　　牌　北方牌
品　　名　北方烧酒
生产厂家　山西杏花村汾酒厂
产　　地　山西
生产年份　20 世纪 80 年代

品　　牌　春牌
品　　名　春酒
生产厂家　山西省侯马市地方国营酒厂
产　　地　山西
生产年份　20 世纪 80 年代

品　　牌　汾河牌
品　　名　汾河特曲
生产厂家　山西省稷山县地方国营酒厂
产　　地　山西
生产年份　20 世纪 80 年代

品　　牌　汾河牌
品　　名　汾河大曲
生产厂家　中国山西稷山酒厂
产　　地　山西
生产年份　20 世纪 90 年代

品　　牌　招福牌	品　　牌　古井亭牌	品　　牌　古井亭牌
品　　名　二锅头	品　　名　汾酒（正面）	品　　名　汾酒（反面）
生产厂家　山西省汾阳县杏花村镇巨源酒厂	生产厂家　山西杏花村汾酒厂	生产厂家　山西杏花村汾酒厂
产　　地　山西	产　　地　山西	产　　地　山西
生产年份　20 世纪 80 年代	生产年份　20 世纪 70 年代	生产年份　20 世纪 70 年代

品　　牌　长城牌	品　　牌　长城牌	品　　牌　汾水牌
品　　名　汾酒	品　　名　蔺泉香酒	品　　名　汾水大曲
生产厂家　山西中国粮油食品进出口公司	生产厂家　山西中国粮油食品进出口公司	生产厂家　国营河津酒厂
产　　地　山西	产　　地　山西	产　　地　山西
生产年份　20 世纪 80 年代	生产年份　20 世纪 90 年代	生产年份　20 世纪 80 年代

品　　牌　汾杏牌
品　　名　汾杏白酒
生产厂家　山西省汾阳县杏花村镇汾杏酒厂
产　　地　山西
生产年份　20 世纪 80 年代

品　　牌　汾杏牌
品　　名　汾杏白酒
生产厂家　山西省汾阳县杏花村镇汾杏酒厂
产　　地　山西
生产年份　20 世纪 90 年代

品　　牌　汾杏牌
品　　名　汾杏大曲
生产厂家　山西省汾阳县杏花村镇汾杏酒厂
产　　地　山西
生产年份　20 世纪 80 年代

品　　牌　汾杏牌
品　　名　汾杏白酒
生产厂家　山西省汾阳县杏花村镇汾杏酒厂
产　　地　山西
生产年份　20 世纪 90 年代

品　　名　山西名酒套装
生产厂家　太原综合食品饮料厂
产　　地　山西
生产年份　20 世纪 80 年代

品　　牌　宝杏牌
品　　名　宝杏酒
生产厂家　山西省汾阳县杏花村镇宝杏酒厂
产　　地　山西
生产年份　20 世纪 90 年代

品　　牌　麓台牌
品　　名　六曲香
生产厂家　山西省祁县六曲香酒厂
产　　地　山西
生产年份　20 世纪 90 年代

品　　牌　麓台牌
品　　名　六曲香
生产厂家　山西省祁县六曲香酒厂
产　　地　山西
生产年份　20 世纪 80 年代

品　　牌　麓台牌
品　　名　六曲香
生产厂家　山西省祁县六曲香酒厂
产　　地　山西
生产年份　20 世纪 80 年代

品　　牌　二峰山
品　　名　峰汾香
生产厂家　浮山地方国营酒厂
产　　地　山西
生产年份　20 世纪 80 年代

品　　牌　飞云楼牌
品　　名　古泉大曲
生产厂家　万荣国营酒厂
产　　地　山西
生产年份　20 世纪 80 年代

品　　牌　飞云楼牌
品　　名　汶酒
生产厂家　山西省万荣县地方国营酒厂
产　　地　山西
生产年份　20 世纪 80 年代

品　　牌　立新牌
品　　名　粮曲白酒
生产厂家　山西隰县午城酒厂
产　　地　山西
生产年份　20 世纪 80 年代

品　　牌　立新牌
品　　名　三春液
生产厂家　山西省隰县午城酒厂
产　　地　山西
生产年份　20 世纪 90 年代

品　　牌　晋皇牌
品　　名　晋皇白酒
生产厂家　汾阳县杏花村镇晋裕白酒公司
产　　地　山西
生产年份　20 世纪 90 年代

品　　牌　凤栖桥牌
品　　名　太行大曲
生产厂家　山西省潞城酒厂
产　　地　山西
生产年份　20 世纪 80 年代

品　　牌　文峰塔牌
品　　名　特曲高粱酒
生产厂家　山西汾阳酒厂
产　　地　山西
生产年份　20 世纪 80 年代

品　　牌　二峰山牌
品　　名　山西老窖
生产厂家　山西浮山国营酒厂
产　　地　山西
生产年份　20 世纪 80 年代

品　　牌　晋泉牌
品　　名　特曲酒
生产厂家　山西省太原酒厂
产　　地　山西
生产年份　20 世纪 80 年代

品　　牌　三晋牌
品　　名　山西大曲
生产厂家　国营榆社县酒厂
产　　地　山西
生产年份　20 世纪 80 年代

品　　牌　金光牌
品　　名　醉仙翁酒
生产厂家　山西太原市徐沟酒厂
产　　地　山西
生产年份　20 世纪 80 年代

品　　牌 上党门牌	**品　　牌** 青汾牌	**品　　牌** 青汾牌
品　　名 潞酒	**品　　名** 青汾酒（正面）	**品　　名** 青汾酒（反面）
生产厂家 山西省长治市潞酒厂	**生产厂家** 稷山县地方国营酒厂	**生产厂家** 稷山县地方国营酒厂
产　　地 山西	**产　　地** 山西	**产　　地** 山西
生产年份 20 世纪 80 年代	**生产年份** 20 世纪 80 年代	**生产年份** 20 世纪 80 年代

品　　牌 桑洛牌	**品　　牌** 玉堂春牌	**品　　牌** 玉堂春牌
品　　名 桑落酒	**品　　名** 玉堂春酒	**品　　名** 玉堂春酒
生产厂家 山西永济柔落酒厂	**生产厂家** 山西洪洞酒厂	**生产厂家** 山西洪洞酒厂
产　　地 山西	**产　　地** 山西	**产　　地** 山西
生产年份 20 世纪 80 年代	**生产年份** 20 世纪 80 年代	**生产年份** 20 世纪 80 年代

品　　牌　跃进牌
品　　名　跃进大曲
生产厂家　山西昔阳县酒厂
产　　地　山西
生产年份　20 世纪 70 年代

品　　牌　翔山牌
品　　名　山西老窖
生产厂家　山西省翼城县地方国营酒厂
产　　地　山西
生产年份　20 世纪 80 年代

品　　牌　礼仪三千牌
品　　名　山西烧锅
生产厂家　山西关公酒业有限公司
产　　地　山西
生产年份　20 世纪 90 年代

品　　牌　侯马牌
品　　名　山西特曲
生产厂家　山西侯马市国营酒厂
产　　地　山西
生产年份　20 世纪 80 年代

品　　牌　关羽牌
品　　名　关羽酒
生产厂家　运城市地方国营酒厂
产　　地　山西
生产年份　20 世纪 80 年代

品　　牌　关公牌
品　　名　关公酒
生产厂家　中国山西关公酒厂
产　　地　山西
生产年份　20 世纪 90 年代

品　　牌　黄河牌
品　　名　玉屏酒
生产厂家　山西省隰县午城酒厂
产　　地　山西
生产年份　20 世纪 80 年代

品　　牌　晋华牌
品　　名　杏花春酒
生产厂家　山西省杏花村镇晋华酒厂
产　　地　山西
生产年份　20 世纪 90 年代

品　　牌　咏杏牌
品　　名　杏花香
生产厂家　山西省万荣县高粮液酒厂
产　　地　山西
生产年份　20 世纪 80 年代

品　　牌　中条山牌
品　　名　银莲花酒
生产厂家　山西垣曲酒厂
产　　地　山西
生产年份　20 世纪 80 年代

品　　牌　银莲牌
品　　名　银莲花御善美洒
生产厂家　山西垣曲酒厂
产　　地　山西
生产年份　20 世纪 80 年代

品　　牌　长城牌
品　　名　竹叶青酒（正面）
生产厂家　山西中国粮油食品进出口公司
产　　地　山西
生产年份　20 世纪 80 年代

品　　牌　竹叶青牌
品　　名　竹叶青酒
生产厂家　山西杏花村汾酒厂
产　　地　山西
生产年份　20 世纪 80 年代

品　　牌　竹叶青牌
品　　名　竹叶青酒
生产厂家　山西杏花村汾酒厂
产　　地　山西
生产年份　20 世纪 80 年代

品　　牌　四新牌
品　　名　竹叶青酒
生产厂家　山西杏花村汾酒厂
产　　地　山西
生产年份　20 世纪 70 年代

品　　牌　杏花村牌
品　　名　竹叶青酒（绿标）
生产厂家　山西中国粮油食品进出口公司
产　　地　山西
生产年份　20 世纪 80 年代

品　　牌　杏花村牌
品　　名　杏花村白酒
生产厂家　山西杏花村酿酒厂
产　　地　山西
生产年份　20 世纪 80 年代

辽宁白酒展示当地文化

辽宁是东北传统的白酒消费大省，酒文化带有浓厚的东北地域特色，又深受华北地区影响，故酒的产品很有特色。

老龙口酒是沈阳市特产，窖池经过几百年的"驯化"，富集了霉菌、酵母菌等种类繁多的微生物，为酿酒提供了呈香呈味的前驱体，形成了"浓头酱尾，绵甜醇厚"的独特风格。是"中华老字号"产品，中国国家地理标志产品。

金州曲酒选用优质东北红高粱为原料，酒液澄清透明，芳香浓郁，入口醇厚绵甜，甘冽爽口，余味纯净。辽海老窖以优质东北高粱为配制原料，采用仿茅台香型又不同于茅台工艺，具有酱香型白酒的典型风格。凌川白酒为锦州市的名产，酒液澄清透明，清香中含有酱香，入口柔和，甘冽爽净，回味绵长。

凌塔白酒是中国国家地理标志产品，采用四百多年古传秘方酿造，以高粱为原料，清雅纯正，绵甜醇和，酒体协调，余味爽净。九门口酒获得全国优质白酒知名信誉品牌、辽宁省著名商标。望儿山酒被专家誉为"一口三香"：前浓中清后酱，浓之香、清之艳、酱之醇，技艺独特。

辽宁还有村井坊、道光廿五、三沟、千山、铁刹山、凤城老窖、抚顺白酒、绥中特酿等多款白酒。

品　　牌　老龙口牌
品　　名　陈酿大曲酒
生产厂家　沈阳市老龙口酒厂
产　　地　辽宁
生产年份　20 世纪 70 年代

品　　牌	辽海牌	品　　牌	辽海牌	品　　牌	辽海牌
品　　名	白酒	品　　名	老窖酒	品　　名	老窖酒
生产厂家	大连酒厂	生产厂家	大连酒厂	生产厂家	大连酒厂
产　　地	辽宁	产　　地	辽宁	产　　地	辽宁
生产年份	20 世纪 80 年代	生产年份	20 世纪 80 年代	生产年份	20 世纪 80 年代

品　　牌	辽海牌	品　　牌	辽海牌	品　　牌	辽海牌
品　　名	原米清酒（正面）	品　　名	原米清酒（反面）	品　　名	大连白酒
生产厂家	中国大连酒厂	生产厂家	中国大连酒厂	生产厂家	国营大连酒厂
产　　地	辽宁	产　　地	辽宁	产　　地	辽宁
生产年份	21 世纪	生产年份	21 世纪	生产年份	20 世纪 90 年代

品　　牌　老龙口牌
品　　名　陈酿大曲酒
生产厂家　沈阳市老龙口酒厂
产　　地　辽宁
生产年份　20 世纪 80 年代

品　　牌　老龙口牌
品　　名　陈酿头曲酒
生产厂家　沈阳市老龙口酒厂
产　　地　辽宁
生产年份　20 世纪 80 年代

品　　牌　老龙口牌
品　　名　老龙口曲酒
生产厂家　沈阳市老龙口酒厂
产　　地　辽宁
生产年份　20 世纪 90 年代

品　　牌　老龙口牌
品　　名　老龙口陈酿
生产厂家　沈阳市老龙口酒厂
产　　地　辽宁
生产年份　20 世纪 80 年代

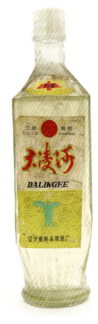

品　　牌　凌河牌
品　　名　大凌河
生产厂家　辽宁省锦县制酒厂
产　　地　辽宁
生产年份　20 世纪 80 年代

品　　牌　凌河牌
品　　名　大凌河白酒
生产厂家　辽宁省锦县制酒厂
产　　地　辽宁
生产年份　20 世纪 80 年代

品　　牌　凤山牌
品　　名　凤城老窖
生产厂家　辽宁省凤城县食品酿造厂
产　　地　辽宁
生产年份　20 世纪 70 年代

品　　牌　凤山牌
品　　名　玉液
生产厂家　辽宁省凤城老窖酒厂
产　　地　辽宁
生产年份　20 世纪 80 年代

品　　牌　凤山牌
品　　名　老窖酒
生产厂家　辽宁省凤城老窖酒厂
产　　地　辽宁
生产年份　20 世纪 80 年代

品　　牌　凤山牌
品　　名　聚仙酒
生产厂家　辽宁凤城老窖酒厂
产　　地　辽宁
生产年份　20 世纪 90 年代

品　　牌　阎凌牌
品　　名　宜州老窖
生产厂家　辽宁省义县酿酒厂
产　　地　辽宁
生产年份　20 世纪 70 年代

品　　牌　阎凌牌
品　　名　老窖
生产厂家　辽宁省义县酿酒厂
产　　地　辽宁
生产年份　20 世纪 80 年代

品　　牌　阎凌牌
品　　名　阎凌老窖
生产厂家　辽宁省阎凌酒厂
产　　地　辽宁
生产年份　20 世纪 90 年代

品　　牌　红梅牌
品　　名　参泉美酒
生产厂家　中国粮油食品进出口公司
产　　地　辽宁
生产年份　20 世纪 80 年代

品　　牌　红梅牌
品　　名　凌川白酒
生产厂家　中国辽宁辽阳千山酒厂
产　　地　辽宁
生产年份　20 世纪 80 年代

品　　牌　红梅牌
品　　名　千山白酒
生产厂家　辽宁辽阳千山酒业有限公司
产　　地　辽宁
生产年份　20 世纪 80 年代

品　牌　伯乐牌
品　名　大曲
生产厂家　辽宁鞍山曲酒厂
产　地　辽宁
生产年份　20 世纪 80 年代

品　牌　伯乐牌
品　名　醇绵酒
生产厂家　鞍山市曲酒厂
产　地　辽宁
生产年份　20 世纪 80 年代

品　牌　伯乐牌
品　名　大曲
生产厂家　鞍山市曲酒厂
产　地　辽宁
生产年份　20 世纪 80 年代

品　牌　金州牌
品　名　金州曲酒
生产厂家　辽宁省金州酒厂
产　地　辽宁
生产年份　20 世纪 80 年代

品　牌　金州牌
品　名　金州陈酒
生产厂家　辽宁省金州酒厂
产　地　辽宁
生产年份　20 世纪 80 年代

品　牌　金斗牌
品　名　小金斗酒
生产厂家　沈阳酒厂
产　地　辽宁
生产年份　20 世纪 90 年代

品　　牌　三沟牌
品　　名　三沟特曲
生产厂家　辽宁阜新民族酒厂
产　　地　辽宁
生产年份　20 世纪 90 年代

品　　牌　庆丰牌
品　　名　金州曲酒
生产厂家　辽宁省金县酿酒厂
产　　地　辽宁
生产年份　20 世纪 80 年代

品　　牌　凤城牌
品　　名　高粱酒
生产厂家　辽宁省凤城县食品酿造厂
产　　地　辽宁
生产年份　20 世纪 70 年代

品　　牌　卧鹿山牌
品　　名　金香大曲
生产厂家　大连庄河县孤山酒厂
产　　地　辽宁
生产年份　20 世纪 80 年代

品　　牌　三桃牌
品　　名　谷香液
生产厂家　海城县烟酒公司青丰酒厂
产　　地　辽宁
生产年份　20 世纪 80 年代

品　　牌　东风牌
品　　名　红玉苹果酒
生产厂家　辽宁省盖县熊岳果酒厂
产　　地　辽宁
生产年份　20 世纪 70 年代

品　　牌　虎威牌
品　　名　虎威小烧
生产厂家　大连北方酿酒有限公司
产　　地　辽宁
生产年份　20 世纪 90 年代

品　　牌　港安牌
品　　名　皇贵玉液
生产厂家　辽宁省大连市旅顺皇贵稠酒厂
产　　地　辽宁
生产年份　20 世纪 90 年代

品　　牌　玫瑰牌
品　　名　建昌白酒
生产厂家　国营建昌县酒厂
产　　地　辽宁
生产年份　20 世纪 80 年代

品　　牌　响水牌
品　　名　金城曲酒
生产厂家　辽宁省金县酿酒分厂
产　　地　辽宁
生产年份　20 世纪 80 年代

品　　牌　凌川牌
品　　名　凌川白酒
生产厂家　地方国营锦州凌川酒厂出品
产　　地　辽宁
生产年份　20 世纪 70 年代

品　　牌　凌川牌
品　　名　凌川酒
生产厂家　辽宁锦州凌川酒厂
产　　地　辽宁
生产年份　20 世纪 80 年代

品　　牌　凌川牌
品　　名　凌川白酒
生产厂家　中国锦州北方食品进出口公司
产　　地　辽宁
生产年份　20 世纪 90 年代

品　　牌　凌塔牌
品　　名　凌塔酒
生产厂家　辽宁省朝阳县酒厂
产　　地　辽宁
生产年份　20 世纪 80 年代

品　　牌　红丰牌
品　　名　纯粮酒
生产厂家　辽宁省海城县酒厂
产　　地　辽宁
生产年份　20 世纪 80 年代

品　　牌　鞍山牌
品　　名　大曲
生产厂家　辽宁省鞍山市曲酒厂
产　　地　辽宁
生产年份　20 世纪 80 年代

品　　牌　龙泉牌
品　　名　龙泉老窖头曲
生产厂家　辽宁复县龙泉酒厂
产　　地　辽宁
生产年份　20 世纪 80 年代

品　　牌　步云山牌
品　　名　玉米酒
生产厂家　地方国营庄河县酿造厂
产　　地　辽宁
生产年份　20 世纪 80 年代

品　　牌　大元牌
品　　名　五粮桃花酒
生产厂家　大连金州大元酒厂
产　　地　辽宁
生产年份　20 世纪 90 年代

品　　牌　桃山牌
品　　名　桃山白酒
生产厂家　地方国营法库县桃山酒厂
产　　地　辽宁
生产年份　20 世纪 80 年代

品　　牌　鸭绿江牌
品　　名　特酿大曲
生产厂家　辽宁丹东酒厂
产　　地　辽宁
生产年份　20 世纪 80 年代

品　　牌　鸭绿江牌
品　　名　特曲
生产厂家　辽宁省丹东酒厂
产　　地　辽宁
生产年份　20 世纪 90 年代

品　　牌　老知青牌	品　　牌　辽溪牌	品　　牌　辽溪牌
品　　名　老知青酒	品　　名　辽溪大曲	品　　名　辽溪大曲
生产厂家　辽宁抚顺市老知青酒厂	生产厂家　辽宁省本溪香山曲酒厂	生产厂家　辽宁省香山曲酒厂
产　　地　辽宁	产　　地　辽宁	产　　地　辽宁
生产年份　20 世纪 90 年代	生产年份　20 世纪 80 年代	生产年份　20 世纪 80 年代

品　　牌　八虎山牌	品　　牌　东陵牌	品　　牌　复州城牌
品　　名　圣水泉酒	品　　名　特酿二曲	品　　名　特曲
生产厂家　法库县八虎山酒厂	生产厂家　辽宁沈阳市东陵酒厂	生产厂家　大连曲酒厂
产　　地　辽宁	产　　地　辽宁	产　　地　辽宁
生产年份　20 世纪 80 年代	生产年份　20 世纪 80 年代	生产年份　20 世纪 80 年代

吉林白山多白酒

　　酒业在吉林省有着悠久的历史。吉林省地处松嫩平原，有长白山，有森林，土地肥沃，盛产优质的高粱等酿酒的原料，所以吉林的酒业，在清朝已经很发达了，以酿制"烧酒"著称，而城镇四乡均有酿酒"烧锅"，是中国主要产酒地区之一。清光绪十年（1884年）建的烧锅"谦泰润""东盛泉"为最老。

　　在众多的吉林白酒中，纯高粱酒占有一定的比例，如烧刀子等高度白酒，这与东北寒冷的气候及当地人们的口感偏好有关。这些酒，香气浓郁、入口绵甜、酒体醇厚，回味悠长，饮后有余香。

　　吉林有不少优质品牌的白酒，知名的有洮南香酒、新怀德酒、大泉源酒、古林茅酒、松江春、梅岭春酒、人参露酒、德惠大曲、榆树大曲、洮儿河酒、龙泉春等众多白酒。

品　　牌　洮南牌
品　　名　洮南香酒
生产厂家　吉林洮安第一制酒厂
产　　地　吉林
生产年份　20 世纪 80 年代

品　　牌　德惠牌
品　　名　德惠大曲
生产厂家　吉林省德惠酿酒厂
产　　地　吉林
生产年份　20 世纪 80 年代

品　　牌　德惠牌
品　　名　德惠大曲
生产厂家　吉林省德惠县酿酒厂
产　　地　吉林
生产年份　20 世纪 80 年代

品　　牌　德惠牌
品　　名　德惠大曲
生产厂家　吉林省德惠县酿酒厂
产　　地　吉林
生产年份　20 世纪 80 年代

品　　牌　德惠牌
品　　名　德惠特窖
生产厂家　吉林省德惠县酿酒厂
产　　地　吉林
生产年份　20 世纪 80 年代

品　　牌　德惠牌
品　　名　德惠大曲
生产厂家　吉林省德惠县酿酒厂
产　　地　吉林
生产年份　20 世纪 80 年代

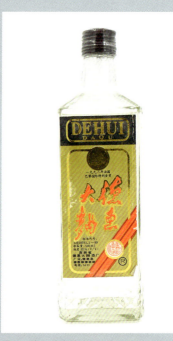

品　　牌　德惠牌
品　　名　德惠大曲
生产厂家　吉林德惠大曲酒厂
产　　地　吉林
生产年份　20 世纪 90 年代

品　牌　红梅牌
品　名　榆林大曲
生产厂家　吉林中粮油食品进出口公司
产　地　吉林
生产年份　20 世纪 80 年代

品　牌　红梅牌
品　名　德惠大曲
生产厂家　吉林中粮油食品进出口公司
产　地　吉林
生产年份　20 世纪 80 年代

品　牌　草原牌
品　名　原浆酒
生产厂家　吉林省通榆县制酒厂
产　地　吉林
生产年份　不详

品　牌　红花牌
品　名　红花酒
生产厂家　吉林农安县第二造酒厂
产　地　吉林
生产年份　20 世纪 80 年代

品　牌　红花牌
品　名　农安大曲
生产厂家　吉林农安二酒厂双辽分厂
产　地　吉林
生产年份　20 世纪 80 年代

品　牌　大布苏牌
品　名　松原大曲
生产厂家　吉林省松原市乾安酿酒厂
产　地　吉林
生产年份　20 世纪 90 年代

品　　牌　榆树牌
品　　名　榆树大曲
生产厂家　吉林省榆树县造酒厂
产　　地　吉林
生产年份　20 世纪 80 年代

品　　牌　榆树牌
品　　名　榆树老窖大曲
生产厂家　吉林省榆树县造酒厂
产　　地　吉林
生产年份　20 世纪 80 年代

品　　牌　榆树牌
品　　名　榆树特曲
生产厂家　吉林省榆树县造酒厂
产　　地　吉林
生产年份　20 世纪 80 年代

品　　牌　朝阳牌
品　　名　龙盛泉
生产厂家　龙井市朝阳川酿酒厂
产　　地　吉林
生产年份　20 世纪 90 年代

品　　牌　鹤鸣牌
品　　名　高粱老窖
生产厂家　梨树县鹤鸣饮品厂
产　　地　吉林
生产年份　20 世纪 80 年代

品　　牌　向阳葵牌
品　　名　双曲烧酒
生产厂家　吉林长春市酿酒厂
产　　地　吉林
生产年份　20 世纪 90 年代

品　　牌　龙泉春牌
品　　名　龙泉春酒
生产厂家　吉林辽源市龙泉酒厂
产　　地　吉林
生产年份　20 世纪 80 年代

品　　牌　龙泉春牌
品　　名　龙泉春酒
生产厂家　吉林省辽源市龙泉酒厂
产　　地　吉林
生产年份　20 世纪 80 年代

品　　牌　龙泉春牌
品　　名　龙泉春特液
生产厂家　吉林省辽源市龙泉酒厂
产　　地　吉林
生产年份　20 世纪 80 年代

品　　牌　龙泉春牌
品　　名　龙泉春酒
生产厂家　国营吉林省辽源市龙泉酒厂
产　　地　吉林
生产年份　20 世纪 80 年代

品　　牌　龙泉春牌
品　　名　龙泉春酒
生产厂家　国营吉林省辽源市龙泉酒厂
产　　地　吉林
生产年份　20 世纪 80 年代

品　　牌　新辽河牌
品　　名　新辽河酒
生产厂家　吉林四平市孤家子酒厂
产　　地　吉林
生产年份　20 世纪 80 年代

品　　牌　新怀德牌
品　　名　新怀德酒
生产厂家　吉林省怀德县制酒厂
产　　地　吉林
生产年份　20 世纪 80 年代

品　　牌　洮儿河牌
品　　名　洮儿河白酒
生产厂家　吉林省白城市酿酒总厂
产　　地　吉林
生产年份　20 世纪 80 年代

品　　牌　洮儿河牌
品　　名　洮儿河白酒
生产厂家　吉林省白城市酿酒总厂
产　　地　吉林
生产年份　20 世纪 90 年代

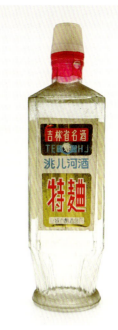

品　　牌　洮儿河牌
品　　名　洮儿河特曲
生产厂家　吉林白城市酿酒总厂
产　　地　吉林
生产年份　20 世纪 80 年代

品　　牌　洮儿河牌
品　　名　洮儿河特曲
生产厂家　吉林市白城酿酒总厂
产　　地　吉林
生产年份　20 世纪 80 年代

品　　牌　六顶山牌
品　　名　敖东酒
生产厂家　国营吉林省敦化市造酒厂
产　　地　吉林
生产年份　20 世纪 80 年代

品　　牌　六顶山牌
品　　名　老窖陈酿
生产厂家　国营吉林省敦化市酒厂
产　　地　吉林
生产年份　20 世纪 80 年代

品　　牌　洮南牌
品　　名　洮南香酒
生产厂家　吉林省洮安酿酒总厂
产　　地　吉林
生产年份　20 世纪 80 年代

品　　牌　洮南牌
品　　名　洮南香酒
生产厂家　吉林洮南市第一酿酒厂
产　　地　吉林
生产年份　20 世纪 80 年代

品　　牌　洮南牌
品　　名　洮南香酒
生产厂家　吉林省洮南市洮南香实业有限公司
产　　地　吉林
生产年份　20 世纪 90 年代

品　　牌　洮南牌
品　　名　洮南香酒
生产厂家　吉林省洮南市第一酿酒厂
产　　地　吉林
生产年份　20 世纪 80 年代

品　　牌　津泉牌
品　　名　高粱白酒
生产厂家　吉林东辽县酿酒厂
产　　地　吉林
生产年份　20 世纪 80 年代

品　　牌　联友牌
品　　名　特酿
生产厂家　吉林省榆树县松江酿酒厂
产　　地　吉林
生产年份　不详

品　　牌　联友牌
品　　名　特酿
生产厂家　吉林省榆树县第四造酒厂
产　　地　吉林
生产年份　20 世纪 80 年代

品　　牌　长白山牌
品　　名　伏特加
生产厂家　中国吉林市长白山酿酒公司
产　　地　吉林
生产年份　20 世纪 80 年代

品　　牌　镇赉牌
品　　名　镇赉香酒
生产厂家　吉林省镇赉县制酒厂
产　　地　吉林
生产年份　20 世纪 80 年代

品　　牌　天池牌
品　　名　通化葡萄酒
生产厂家　吉林省通化市葡萄酒厂
产　　地　吉林
生产年份　20 世纪 70 年代

品　牌	乳山牌	品　牌	乳山牌	品　牌	双杯牌
品　名	梅岭春酒	品　名	梅岭春酒	品　名	清酒
生产厂家	吉林省国营梅河口市酿酒厂	生产厂家	吉林省国营梅河口市酿酒厂	生产厂家	中国长春市酿酒厂
产　地	吉林	产　地	吉林	产　地	吉林
生产年份	20 世纪 80 年代	生产年份	20 世纪 80 年代	生产年份	20 世纪 90 年代

品　牌	吉鹤村牌	品　牌	双辽牌	品　牌	四平牌
品　名	吉鹤村	品　名	双辽原浆酒	品　名	大高粱
生产厂家	吉林省通榆县制酒厂	生产厂家	吉林省双辽县制酒厂	生产厂家	四平市酒厂
产　地	吉林	产　地	吉林	产　地	吉林
生产年份	20 世纪 90 年代	生产年份	20 世纪 80 年代	生产年份	20 世纪 70 年代

品　　牌　松北牌
品　　名　松北大曲
生产厂家　吉林省扶余第三酿酒厂
产　　地　吉林
生产年份　20 世纪 80 年代

品　　牌　松北牌
品　　名　松北大曲
生产厂家　吉林省扶余县第三酒厂
产　　地　吉林
生产年份　20 世纪 80 年代

品　　牌　松花湖牌
品　　名　松花湖酒
生产厂家　吉林省蛟河县造酒厂
产　　地　吉林
生产年份　20 世纪 80 年代

品　　牌　豫贞牌
品　　名　豫贞陈酿
生产厂家　吉林省洮安二酒厂
产　　地　吉林
生产年份　20 世纪 80 年代

品　　牌　龙山牌
品　　名　龙泉酒
生产厂家　吉林省辽源市酿酒厂
产　　地　吉林
生产年份　20 世纪 70 年代

品　　牌　农丰牌
品　　名　农丰精酿
生产厂家　吉林海城市酿酒厂
产　　地　吉林
生产年份　20 世纪 80 年代

黑龙江白酒有多强？

"黑龙江人不相信喝醉"虽说是"戏言"，却也说明了黑龙江人的酒量确实很大。曾经在东北辉煌过的酒，黑龙江就占了5种。

黑龙江曾辉煌过哪几款酒呢？北大仓酒是北方少有的酱香酒之一，是齐齐哈尔市的骄傲。在当地人眼中，没喝过这款酒，不能算是真正的齐齐哈尔人。此酒坚持采用固态发酵法酿造，原料是当地特产红高粱。

老村长这款酒，是老酒友家中的"常客"，是正宗的固态法白酒，确确实实是粮食酒。富裕老窖是独具北方特色的浓香型白酒，产地在富裕县，1915年一经推出就大受欢迎。经过几代人的不懈努力，才有了今天的富裕老窖。此酒虽为浓香型，却有着极为明显的芝麻香，风格十分独特。

玉泉酒也曾风光一时，产地玉泉镇更被誉为我国蒸馏酒的发祥地。作为浓酱兼香型的白酒，口感非常好，醇厚典雅，甜爽圆润。

北大荒酒是最正宗的哈尔滨酒，原料全部来自无污染的北大荒，酿酒技术更是传统与现代技术的结合体。对于大部分东北人来说，他们喝酒绝对少不了北大荒酒，喝过这个酒的人都说好。

品　　牌　春华牌
品　　名　宴英春酒
生产厂家　哈尔滨饮料厂
产　　地　黑龙江
生产年份　1983 年

品　　牌　冰都牌
品　　名　北龙老窖
生产厂家　黑龙江哈尔滨白酒厂
产　　地　黑龙江
生产年份　1988 年

品　　牌　冰都牌
品　　名　参茸白
生产厂家　中国哈尔滨白酒厂
产　　地　黑龙江
生产年份　1988 年

品　　牌　鹤牌
品　　名　中华鹤酒
生产厂家　黑龙江省汤原县鹤立酒厂
产　　地　黑龙江
生产年份　1988 年

品　　牌　冰城牌
品　　名　冰城大曲
生产厂家　黑龙江哈尔滨白酒厂
产　　地　黑龙江
生产年份　1977 年

品　　牌　冰城牌
品　　名　冰城大曲
生产厂家　哈尔滨酿酒厂
产　　地　黑龙江
生产年份　1988 年

品　　牌　古柏牌
品　　名　延年康酒
生产厂家　黑龙江一面波葡萄酒厂
产　　地　黑龙江
生产年份　1982 年

品　　牌　山蝶牌
品　　名　白兰花
生产厂家　黑龙江省双鸭山葡萄酒厂
产　　地　黑龙江
生产年份　不详

品　　牌　双杯牌
品　　名　谷酒
生产厂家　黑龙江哈尔滨中国酿酒厂
产　　地　黑龙江
生产年份　1983 年

品　　牌　双杯牌
品　　名　谷酒
生产厂家　哈尔滨中国酿酒厂
产　　地　黑龙江
生产年份　1988 年

品　　牌　大仓牌
品　　名　北大仓酒
生产厂家　黑龙江省齐齐哈尔制酒厂
产　　地　黑龙江
生产年份　20 世纪 80 年代

品　　牌　大庆牌
品　　名　大庆老窖
生产厂家　黑龙江省大庆市大同制酒厂
产　　地　黑龙江
生产年份　1986 年

品　　牌　北大荒牌
品　　名　北大荒白酒
生产厂家　黑龙江省国营农场总局酿酒厂
产　　地　黑龙江
生产年份　1982 年

品　　牌　红梅牌
品　　名　特酿龙滨酒
生产厂家　中国粮油食品进出口公司黑龙江分公司
产　　地　黑龙江
生产年份　1976 年

品　　牌　红梅牌
品　　名　伏特加
生产厂家　中国粮油食品进出口公司
　　　　　黑龙江分公司
产　　地　黑龙江
生产年份　1993 年

品　　牌　红梅牌
品　　名　伏特加
生产厂家　哈尔滨中国酿酒厂
产　　地　黑龙江
生产年份　1992 年

品　　牌　红梅牌
品　　名　双参白酒
生产厂家　黑龙江粮油食品进出口公司
产　　地　黑龙江
生产年份　1987 年

品　　牌　红梅牌
品　　名　五加白
生产厂家　中国黑龙江粮油食进出口公司
产　　地　黑龙江
生产年份　1973 年

品　　牌　红梅牌
品　　名　五加白
生产厂家　中国黑龙江粮油食进出口公司
产　　地　黑龙江
生产年份　1980 年

品　　牌　红梅牌
品　　名　人参五加白
生产厂家　中粮进出口公司黑龙江分公司
产　　地　黑龙江
生产年份　1988 年

品　　牌　龙滨牌
品　　名　龙滨酒
生产厂家　国营哈尔滨龙滨酒厂
产　　地　黑龙江
生产年份　1977 年

品　　牌　龙滨牌
品　　名　龙滨酒
生产厂家　黑龙江哈尔滨龙滨酒厂
产　　地　黑龙江
生产年份　1989 年

品　　牌　龙滨牌
品　　名　特酿龙滨
生产厂家　哈尔滨龙滨酒厂
产　　地　黑龙江
生产年份　1989 年

品　　牌　龙滨牌
品　　名　龙滨元曲
生产厂家　哈尔滨龙滨酒厂
产　　地　黑龙江
生产年份　1978 年

品　　牌　龙滨牌
品　　名　龙滨特曲
生产厂家　哈尔滨龙滨酒厂
产　　地　黑龙江
生产年份　1983 年

品　　牌　迎宾牌
品　　名　金龙酒
生产厂家　黑龙江哈尔滨市迎宾酒厂
产　　地　黑龙江
生产年份　1988 年

品　　牌　杏林河牌
品　　名　关东老白干
生产厂家　黑龙江省佳木斯汾酒厂
产　　地　黑龙江
生产年份　1989 年

品　　牌　胜洪牌
品　　名　国优老白干
生产厂家　黑龙江国营哈尔滨白酒厂
产　　地　黑龙江
生产年份　1980 年

品　　牌　好景来牌
品　　名　好景来白酒
生产厂家　哈尔滨参花白酒厂
产　　地　黑龙江
生产年份　1992 年

品　　牌　煤城牌
品　　名　红粮酒
生产厂家　黑龙江省鹤岗市酿酒总厂
产　　地　黑龙江
生产年份　1992 年

品　　牌　喜盈门牌
品　　名　喜盈门酒
生产厂家　黑龙江佳木斯汾酒厂
产　　地　黑龙江
生产年份　1980 年

品　　牌　春微牌
品　　名　兴安老窖
生产厂家　黑龙江大兴安岭林管
　　　　　加格达奇制酒厂
产　　地　黑龙江
生产年份　不详

品　　牌　宾州牌
品　　名　宾州大曲
生产厂家　黑龙江宾县酿酒厂
产　　地　黑龙江
生产年份　1977 年

品　　牌　嘎仙牌
品　　名　嘎仙白酒
生产厂家　国营鄂伦春自治旗酒厂
产　　地　黑龙江
生产年份　1982 年

品　　牌　老窖牌
品　　名　双城特曲
生产厂家　黑龙江省双城市酿酒厂
产　　地　黑龙江
生产年份　1994 年

品　　牌　冰宫牌
品　　名　冰宫酒
生产厂家　黑龙江佳木斯分酒厂
产　　地　黑龙江
生产年份　1989 年

品　　牌　北牌
品　　名　北方老窖
生产厂家　黑龙江佳木斯汾酒厂
产　　地　黑龙江
生产年份　1987 年

品　　牌　丰林牌
品　　名　方瓶茅粮酒
生产厂家　黑龙江丰林酒业有限公司
产　　地　黑龙江
生产年份　1989 年

品　　牌　丰收牌
品　　名　肇东曲酒
生产厂家　黑龙江省肇东制酒厂
产　　地　黑龙江
生产年份　1978 年

品　　牌　松花江牌
品　　名　松花江老窖
生产厂家　哈尔滨松花江酒厂
产　　地　黑龙江
生产年份　1987 年

品　　牌　白兰花牌
品　　名　粮食酒
生产厂家　黑龙江省汤源县鹤立制酒厂
产　　地　黑龙江
生产年份　1989 年

品　　牌　月夜牌
品　　名　东北高粱
生产厂家　黑龙江省双鸭山市白酒厂
产　　地　黑龙江
生产年份　1992 年

品　　牌　宝葫芦牌
品　　名　凤酒
生产厂家　中国哈尔滨清泉酒厂
产　　地　黑龙江
生产年份　1984 年

品　　牌　沿江牌
品　　名　荣华白酒
生产厂家　佳木斯白酒厂
产　　地　黑龙江
生产年份　1987 年

品　　牌　雪松牌
品　　名　寿酒
生产厂家　黑龙江省牡丹江酒厂
产　　地　黑龙江
生产年份　1988 年

品　　牌　松泉牌
品　　名　松花江大曲
生产厂家　哈尔滨松花江酒厂
产　　地　黑龙江
生产年份　1988 年

品　　牌　岁岁有余
品　　名　岁岁有余酒
生产厂家　黑龙江省佳木斯汾酒厂
产　　地　黑龙江
生产年份　1990 年

品　　牌　龙乡牌
品　　名　龙乡窖酒
生产厂家　黑龙江哈尔滨市龙乡酒厂
产　　地　黑龙江
生产年份　1993 年

品　　牌　莲叶牌
品　　名　五加白
生产厂家　黑龙江江口酒厂
产　　地　黑龙江
生产年份　1980 年

品　　牌　泼雪泉牌
品　　名　泼雪泉酒
生产厂家　黑龙江省宁安制酒厂
产　　地　黑龙江
生产年份　1988 年

品　　牌　苍松牌
品　　名　五加白
生产厂家　黑龙江省汤原制酒厂
产　　地　黑龙江
生产年份　1988 年

品　　牌　胜洪牌
品　　名　中国老窖
生产厂家　哈尔滨白酒厂
产　　地　黑龙江
生产年份　1984 年

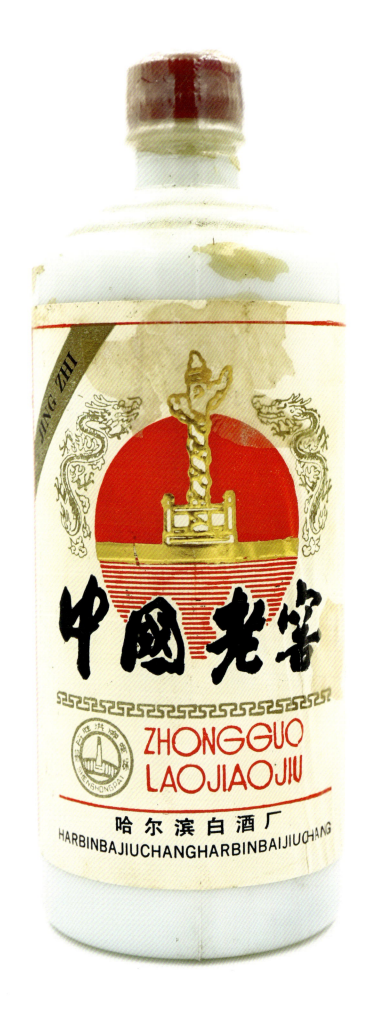

品　　牌　不详
品　　名　五加白
生产厂家　黑龙江哈尔滨中国酿酒厂
产　　地　黑龙江
生产年份　1985 年

品　　牌　不详
品　　名　五加白
生产厂家　哈尔滨中国酿酒厂
产　　地　黑龙江
生产年份　1988 年

品　　牌　庆泉牌
品　　名　五加鞭酒
生产厂家　黑龙江省庆安酿酒厂
产　　地　黑龙江
生产年份　1983 年

品　　牌　一面坡牌
品　　名　一面坡原浆酒
生产厂家　黑龙江一面坡白酒厂
产　　地　黑龙江
生产年份　1983 年

品　　牌　佳宾牌
品　　名　益生酒
生产厂家　黑龙江佳木斯白酒厂
产　　地　黑龙江
生产年份　1989 年

江苏民间产酒有盛名

　　江苏地处中国大陆东部沿海地区中部，跨江滨海，湖泊众多，地势平坦，地貌由平原、水域、低山丘陵构成，地跨长江、淮河两大水系。江苏气候同时具有南方和北方的特征，特殊的地理条件为酿酒创造了极为有利的条件。

　　江苏各地方都有自产酒，酒的品种繁多。苏南多以糯米酿酒，为黄酒，著名的有苏州醇香酒、无锡惠泉酒、丹阳封缸酒。苏北产白酒，著名的如泗阳县洋河镇洋河大曲、泗洪县双沟镇双沟大曲、宝应县五琼浆、涟水县高沟大曲，还有灌南县汤沟大曲，这些白酒皆为佳酿。

　　明末清初，洋河酒业已具盛名，山西、陕西、河南、安徽、山东等九省客商聚建会馆，十五家糟坊竞献佳醪，一时云蒸霞蔚，酒气氤氲。据载，《红楼梦》作者曹雪芹也是个品酒高手。一次，他路过洋河，喝了三天洋河酒，还没喝够，临走时还买了一船酒。洋河美酒令这位大文学家诗兴大发，挥笔写下了一首诗，其中"清风明月酒一船"成为名句，广为流传。

品　　牌　荷花牌
品　　名　宝应大曲
生产厂家　江苏省宝应酒厂
产　　地　江苏
生产年份　20 世纪 70 年代

品　　牌　莲花牌
品　　名　莲花泉白酒
生产厂家　江苏徐州酿酒总厂
产　　地　江苏
生产年份　20 世纪 90 年代

品　　牌　碧泉牌
品　　名　碧泉液
生产厂家　国营金湖酒厂
产　　地　江苏
生产年份　20 世纪 80 年代

品　　牌　苑泉牌
品　　名　东渡特曲
生产厂家　江苏省凤鸣集团股份有限公司
产　　地　江苏
生产年份　20 世纪 90 年代

品　　牌　高沟牌
品　　名　高沟优质大曲
生产厂家　江苏高沟酒厂
产　　地　江苏
生产年份　20 世纪 80 年代

品　　牌　高沟牌
品　　名　高沟迎宾酒
生产厂家　江苏省高沟酒厂
产　　地　江苏
生产年份　20 世纪 80 年代

品　　牌　凤鸣塔牌
品　　名　泥池大曲
生产厂家　徐州泥池酒厂
产　　地　江苏
生产年份　20 世纪 80 年代

品　　牌　常州牌
品　　名　常州白酒
生产厂家　江苏常州酿酒总厂
产　　地　江苏
生产年份　20 世纪 80 年代

品　　牌　葛楼牌
品　　名　鼓楼特曲
生产厂家　江苏省沭阳葛楼酒厂
产　　地　江苏
生产年份　20 世纪 90 年代

品　　牌　生颐牌
品　　名　茅镇酒
生产厂家　中国南通颐生酿酒总厂
产　　地　江苏
生产年份　20 世纪 90 年代

品　　牌　重岗山牌
品　　名　双洋大曲
生产厂家　江苏省国营五里江酒厂
产　　地　江苏
生产年份　20 世纪 80 年代

品　　牌　重岗山牌
品　　名　双洋大曲
生产厂家　江苏中国粮油食品进出口公司
产　　地　江苏
生产年份　20 世纪 80 年代

品　　牌　重岗山牌
品　　名　双洋特曲
生产厂家　江苏省国营双阳酒厂
产　　地　江苏
生产年份　20 世纪 80 年代

品　　牌　歌风牌
品　　名　沛公特曲
生产厂家　江苏国营沛县酒厂
产　　地　江苏
生产年份　20 世纪 90 年代

品　　牌　邳州牌
品　　名　邳州大曲
生产厂家　江苏运河酒厂
产　　地　江苏
生产年份　20 世纪 80 年代

品　　牌　蔷薇牌
品　　名　蔷薇特液
生产厂家　江苏省国营蔷薇酒厂
产　　地　江苏
生产年份　20 世纪 80 年代

品　　牌　琼花露牌
品　　名　琼花露
生产厂家　中国扬州酒厂
产　　地　江苏
生产年份　20 世纪 80 年代

品　　牌　三塘牌
品　　名　三塘糯米陈酒
生产厂家　国营海安酒厂
产　　地　江苏
生产年份　20 世纪 90 年代

品　　牌　摩天岭牌
品　　名　摩天岭特曲
生产厂家　江苏赣榆县大岭酒厂
产　　地　江苏
生产年份　20 世纪 80 年代

品　　牌　苏煌牌
品　　名　苏煌大曲
生产厂家　江苏省洋河苏煌酒厂
产　　地　江苏
生产年份　20世纪80年代

品　　牌　苏洋牌
品　　名　苏洋特曲
生产厂家　江苏泗阳洋河镇美酒厂
产　　地　江苏
生产年份　20世纪80年代

品　　牌　汤沟牌
品　　名　汤沟特曲
生产厂家　江苏汤沟酒厂
产　　地　江苏
生产年份　20世纪80年代

品　　牌　香泉牌
品　　名　汤沟特液
生产厂家　中国江苏省淮南汤沟酒厂
产　　地　江苏
生产年份　20世纪70年代

品　　牌　香泉牌
品　　名　汤沟特曲
生产厂家　江苏中国粮油食品进出口公司
产　　地　江苏
生产年份　20世纪80年代

品　　牌　香泉牌
品　　名　汤沟大曲
生产厂家　江苏汤沟酒厂
产　　地　江苏
生产年份　20世纪80年代

品　　牌　金梅牌
品　　名　惠泉酒
生产厂家　国营无锡市酒厂
产　　地　江苏
生产年份　20 世纪 70 年代

品　　牌　双沟牌
品　　名　双沟普通大曲
生产厂家　江苏双沟酒厂
产　　地　江苏
生产年份　20 世纪 80 年代

品　　牌　双沟牌
品　　名　双沟酥酒
生产厂家　江苏双沟酒厂
产　　地　江苏
生产年份　20 世纪 80 年代

品　　牌　双沟牌
品　　名　双沟宴大曲
生产厂家　江苏省泗洪县双沟宴酒厂
产　　地　江苏
生产年份　20 世纪 90 年代

品　　牌　双苏牌
品　　名　双苏大曲
生产厂家　江苏双沟曲酒厂
产　　地　江苏
生产年份　20 世纪 80 年代

品　　牌　庞龙牌
品　　名　精制特酿
生产厂家　江苏泗阳洋河九龙酒厂
产　　地　江苏
生产年份　20 世纪 80 年代

品　　牌　庞龙牌
品　　名　庞龙酒
生产厂家　江苏洋河九龙酒厂
产　　地　江苏
生产年份　20 世纪 90 年代

品　　牌　双洋牌
品　　名　双洋特曲
生产厂家　江苏双洋酒厂
产　　地　江苏
生产年份　20 世纪 90 年代

品　　牌　贡煌牌
品　　名　洋河老窖
生产厂家　中国江苏洋河美泉酒厂
产　　地　江苏
生产年份　20 世纪 90 年代

品　　牌　铜山牌
品　　名　铜山曲酒
生产厂家　江苏铜山酿酒厂
产　　地　江苏
生产年份　20 世纪 80 年代

品　　牌　泗阳牌
品　　名　泗阳白酒
生产厂家　江苏洋河酒厂众兴分厂
产　　地　江苏
生产年份　20 世纪 80 年代

品　　牌　苏煌牌
品　　名　苏煌大曲
生产厂家　江苏泗阳供销联社洋河大曲酒厂
产　　地　江苏
生产年份　20 世纪 90 年代

品　　牌　宝应牌
品　　名　五琼浆
生产厂家　江苏宝应酒厂
产　　地　江苏
生产年份　20 世纪 80 年代

品　　牌　洋河牌
品　　名　洋河大曲
生产厂家　江苏洋河酒厂
产　　地　江苏
生产年份　20 世纪 80 年代

品　　牌　洋河牌
品　　名　中国洋酒
生产厂家　江苏中国粮油食品进出口公司
产　　地　江苏
生产年份　20 世纪 80 年代

品　　牌　洋河牌
品　　名　洋河镇优质大曲
生产厂家　江苏泗阳洋河镇第一酒厂
产　　地　江苏
生产年份　20 世纪 80 年代

品　　牌　洋河牌
品　　名　洋河大曲
生产厂家　江苏泗阳县洋河五酒厂
产　　地　江苏
生产年份　20 世纪 90 年代

品　　牌　洋河牌
品　　名　洋河
生产厂家　江苏省洋河镇金龙酒厂
产　　地　江苏
生产年份　20 世纪 90 年代

品　　牌　泽河牌
品　　名　泽河特酿
生产厂家　江苏省丰县泽河酒厂
产　　地　江苏
生产年份　20 世纪 90 年代

品　　牌　敦煌牌
品　　名　洋河大曲
生产厂家　江苏省泗阳洋河酒厂
产　　地　江苏
生产年份　20 世纪 80 年代

品　　牌　敦煌牌
品　　名　文煌大曲
生产厂家　江苏泗阳清河泉酒厂
产　　地　江苏
生产年份　不详

品　　牌　庞龙牌
品　　名　洋河特酿
生产厂家　江苏洋河九龙酒厂
产　　地　江苏
生产年份　21 世纪 10 年代

品　　牌　三友牌
品　　名　月宫河
生产厂家　江苏省赣榆酒厂
产　　地　江苏
生产年份　20 世纪 70 年代

品　　牌　珍珠牌
品　　名　珍珠酒
生产厂家　中国江苏酒厂
产　　地　江苏
生产年份　20 世纪 80 年代

品　　牌　洋河牌
品　　名　洋河大曲
生产厂家　江苏洋河酒厂
产　　地　江苏
生产年份　1997 年

品　　牌　运河牌
品　　名　运河曲香
生产厂家　江苏运河酒厂
产　　地　江苏
生产年份　20 世纪 80 年代

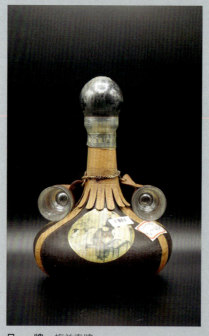

品　牌　梅兰春牌
品　名　梅兰春酒
生产厂家　江苏省泰州梅兰春酒厂
产　地　江苏
生产年份　20 世纪 80 年代

品　牌　梅兰春牌
品　名　盛唐老春
生产厂家　江苏省泰州梅兰春酒厂
产　地　江苏
生产年份　20 世纪 90 年代

品　牌　云龙山牌
品　名　云龙山特制白酒
生产厂家　江苏徐州糖业烟酒公司
产　地　江苏
生产年份　20 世纪 80 年代

品　牌　双沟牌
品　名　双沟大曲
生产厂家　江苏双沟酒厂
产　地　江苏
生产年份　1989 年

品　牌　洋河牌
品　名　洋河大曲
生产厂家　江苏洋河酒厂
产　地　江苏
生产年份　1976 年

品　牌　大桥牌
品　名　洋河大曲
生产厂家　江苏省洋河酒厂
产　地　江苏
生产年份　1978 年

品　　牌　高沟牌
品　　名　中国高沟酒
生产厂家　江苏高沟酒厂
产　　地　江苏
生产年份　20 世纪 80 年代

品　　牌　丰登牌
品　　名　封缸酒
生产厂家　江苏省金坛酒厂
产　　地　江苏
生产年份　20 世纪 80 年代

品　　牌　玉乳泉牌
品　　名　丹阳封缸酒
生产厂家　江苏省丹阳封缸酒厂
产　　地　江苏
生产年份　20 世纪 80 年代

品　　牌　丹阳牌
品　　名　丹阳封缸酒
生产厂家　丹阳封缸酒厂
产　　地　江苏
生产年份　21 世纪 00 年代

品　　牌　丹阳牌
品　　名　丹阳老陈酒
生产厂家　江苏省丹阳酒厂
产　　地　江苏
生产年份　20 世纪 80 年代

品　　牌　丹阳牌
品　　名　丹阳老陈酒
生产厂家　江苏省丹阳封缸酒厂
产　　地　江苏
生产年份　20 世纪 80 年代

浙江有黄酒也有白酒

　　浙江是黄酒故乡，也是消费大省，浙江黄酒首推绍兴酒，选用精白糯米、小麦为原料，取鉴湖的水为酿造用水，采用摊饭法，以贮存一至三年的元红酒代水落缸酿成双套酒。绍兴酒系半甜型黄酒，色泽深黄，澄清明亮，芳香馥郁，酒质醇厚，酸甜适口，口味鲜美。其风味独特，鲜甜突出，可与甜葡萄酒相媲美。

　　其他名酒还有加饭酒，也是选用优质精白糯米、小麦和鉴湖水，经浸米、蒸饭、摊凉、落缸、开耙、前后发酵、榨酒、澄清加色、煎酒等工序酿成。加饭酒系半干型绍兴黄酒，酒色为橙黄清澈，透明晶亮，香气馥郁芳香，滋味甘甜、醇厚、爽口。花雕坛外壁雕塑有古代人物、花鸟、风景山水等画面，具有中国民族特色风格。

　　严东关五加皮酒选用五加皮、薄荷、官枝、独活、广木香、陈皮、甘草、甘松、玉竹、当归、木瓜、黄枝等中草药为配制原料，属保健植物类露酒。此酒呈红褐泛黄色，清澈透明、挂杯、药香、酒香浓郁调和，味甘甜、醇厚、柔和适口。双加饭酒具有仿绍半干型黄酒独特风格，色泽橙黄，清澈透明，醇香浓郁，味醇厚、柔和、爽口。绍兴元红酒属干型绍兴黄酒，酒液呈琥珀色，透明发亮，醇香浓郁，口味甘润，鲜美爽口。绍兴加饭酒系干型黄酒，色泽橙黄、明亮，醇香浓郁，酒体醇厚，口感鲜美，风味极佳。桂花酒以传统酒药为糖化发酵剂，配用杭州西湖所产鲜桂花，色泽橙黄、清澈，有幽雅的天然桂花清香和黄酒特有的醇香，酒体协调，质地醇厚，鲜甜可口。

　　浙江除了黄酒，也有白酒，著名的有"同山烧"，因产自诸暨市同山镇而得名，其酒质清澄，口感甘冽，是一种历史悠久的民间古酒，素有"江南小茅台"之称。虎跑泉酒以小麦、大麦和豌豆制成的大曲为糖化发酵剂，沿用传统工艺，经老窖长期发酵，木甑蒸馏取酒，陈贮老熟，精心勾兑而成。而宁波大曲是具有浓香型风格的白酒，无色清亮，醇香浓郁，醇和爽口，回味香甜。

杭竹青属保健植物类露酒，色泽金黄微绿，清澈透明，酒香沁人，药香幽雅，酒味鲜甜、清冽、协调，饮后余香。桂花陈酿选用优质精白糯米和杭州西湖特产鲜桂花为原料，酒液呈琥珀色，清亮透明，桂香清雅，酒香浓郁，酒质醇厚，绵柔丰满，诸味协调，口感鲜美、甜润。

品　　牌 硤山牌
品　　名 中国宋酒
生产厂家 杭州三墩酒厂
产　　地 浙江
生产年份 20 世纪 80 年代

品　　牌	莫干山牌
品　　名	练香曲酒
生产厂家	浙江新市酒厂
产　　地	浙江
生产年份	20 世纪 80 年代

品　　牌	金潮牌
品　　名	大发 888
生产厂家	浙江杭州萧山第三酒厂
产　　地	浙江
生产年份	20 世纪 90 年代

品　　牌	康慧牌
品　　名	精制特酿
生产厂家	温州瓯海康慧酒厂
产　　地	浙江
生产年份	20 世纪 90 年代

品　　牌	潆水牌
品　　名	潆溪春酒
生产厂家	浙江省兰溪市酒厂
产　　地	浙江
生产年份	20 世纪 80 年代

品　　牌　春泉牌
品　　名　双参礼酒
生产厂家　国营杭州市临平酒厂
产　　地　浙江
生产年份　20 世纪 80 年代

品　　牌　春泉牌
品　　名　青春长寿酒
生产厂家　国营杭州市临平酒厂
产　　地　浙江
生产年份　20 世纪 80 年代

品　　牌　会稽山牌
品　　名　东风糟烧
生产厂家　国营绍兴东风酒厂酿制
产　　地　浙江
生产年份　20 世纪 90 年代

品　　牌　普陀牌
品　　名　普陀佳酿
生产厂家　浙江普陀东海酒厂
产　　地　浙江
生产年份　20 世纪 80 年代

品　　牌　汾湖牌
品　　名　粮食白酒
生产厂家　国营浙江嘉善县酒厂
产　　地　浙江
生产年份　20 世纪 90 年代

品　　牌　太和山牌
品　　名　太和白酒
生产厂家　浙江台州太和酒业有限公司
产　　地　浙江
生产年份　20 世纪 90 年代

品　　牌　海峡牌
品　　名　灵芝补酒
生产厂家　浙江中国土产畜产进出口公司监制 东沙酒厂
产　　地　浙江
生产年份　20 世纪 80 年代

品　　牌　瑞安牌
品　　名　老酒汗
生产厂家　国营浙江瑞安酿造厂
产　　地　浙江
生产年份　20 世纪 80 年代

品　　牌　七叶情牌
品　　名　糟烧酒
生产厂家　浙江省临海市建国酿造有限公司
产　　地　浙江
生产年份　20 世纪 90 年代

品　　牌　不详
品　　名　糟香酒
生产厂家　浙江省长兴酒厂
产　　地　浙江
生产年份　20 世纪 80 年代

品　　牌　致中和牌
品　　名　白五加皮酒
生产厂家　浙江严冬阁致中和酒厂
产　　地　浙江
生产年份　20 世纪 80 年代

品　　牌　金谷牌
品　　名　紫竹玉佛酒
生产厂家　中国杭州酒厂
产　　地　浙江
生产年份　20 世纪 80 年代

品　　牌　金谷牌
品　　名　西湖美酒
生产厂家　浙江杭州酒厂
产　　地　浙江
生产年份　20 世纪 80 年代

品　　牌　伯温牌
品　　名　伯温家酒
生产厂家　温州市伯温酿酒有限公司
产　　地　浙江
生产年份　21世纪初

品　　牌　北高峰牌
品　　名　桂花礼酒
生产厂家　国营杭州西湖酒厂
产　　地　浙江
生产年份　20世纪90年代

品　　牌	北高峰牌
品　　名	桂花陈酿
生产厂家	杭州西湖酒厂
产　　地	浙江
生产年份	20 世纪 80 年代

品　　牌	莲花牌
品　　名	绍兴厨用花雕酒
生产厂家	会稽山绍兴酒有限公司
产　　地	浙江
生产年份	20 世纪 80 年代

品　　牌	金鸡山牌
品　　名	绍兴花雕酒
生产厂家	不详
产　　地	浙江
生产年份	20 世纪 80 年代

品　　牌	乌岩岭牌
品　　名	三蛇酒
生产厂家	中国泰顺乌岩岭蛇园
产　　地	浙江
生产年份	20 世纪 80 年代

品　　牌	四明山牌
品　　名	宁波大曲
生产厂家	浙江慈溪酒厂
产　　地	浙江
生产年份	20 世纪 70 年代

品　　牌	四明山牌
品　　名	宁波大曲
生产厂家	国营浙江慈溪酒厂
产　　地	浙江
生产年份	20 世纪 80 年代

品　　牌　金谷牌
品　　名　万岁酒
生产厂家　浙江杭州酒厂
产　　地　浙江
生产年份　20 世纪 80 年代

品　　牌　金谷牌
品　　名　香曲烧
生产厂家　中国杭州酒厂
产　　地　浙江
生产年份　20 世纪 80 年代

品　　牌　金谷牌
品　　名　紫竹叶酒
生产厂家　中国杭州酒厂
产　　地　浙江
生产年份　20 世纪 80 年代

品　　牌　荷花牌
品　　名　越红酒
生产厂家　浙江省绍兴地方国营上虞酒厂
产　　地　浙江
生产年份　20 世纪 80 年代

品　　牌　红万寿牌
品　　名　黑糯米酒
生产厂家　浙江省宁波佳酿有限公司
产　　地　浙江
生产年份　20 世纪 90 年代

品　　牌　黄中皇牌
品　　名　八年绍兴花雕
生产厂家　浙江绍兴酒厂
产　　地　浙江
生产年份　20 世纪 90 年代

安徽好酒也不少

　　安徽酒文化历史悠久，物产丰富，尤其盛产制酒原料，所以白酒品种繁多，是名副其实的酿酒大省，部分白酒在国内有一定的知名度，其中以古井贡酒、口子窖为代表的白酒多次获得国家金质奖。另外还有文王贡酒、高炉家酒、临水酒、明光酒、皖酒、金坛子、焦坡特曲等多种白酒，在全国酒类中占据一定的地位。

　　古井贡酒产自安徽省亳州市，是大曲浓香型白酒。建安元年（196年），曹操将家乡特产"九酝春酒"及酿造方法献给汉献帝，自此，该酒便成为历代皇室贡品。它是以淮北平原的优质高粱、古井镇优质地下水为原料，利用特定范围和自然微生物环境，按古井贡酒传统的独特工艺，精心勾兑而成。酒色清如水晶，香醇如幽兰，入口甘美醇和，回味经久不息。古井贡酒先后四次蝉联全国评酒会金奖，荣获中国名酒称号，是国家地理标志产品。

　　口子窖酒的酿酒历史可追溯到春秋战国时期，其酒体前段香气口鼻生香，中段香气喉舌如沐，后段香气余韵悠长，且空杯留香持久。口子窖酒有中国驰名商标等荣誉称号，现已列为中国国家地理标志产品。

　　金种子酒选用优质高粱、小麦、深井水为原料，用风火曲为酒曲，采用传统工艺，用明代古窖池恒温窖藏而成，得到晶莹透明、窖香浓郁、入口醇甜净爽、回味悠长的酒体，曾连续六年居全国同行业前十强。

　　迎驾贡酒历经69道传统工序，才得到喷香感突出、窖香幽雅、浓中带酱、绵甜爽口、诸味协调的酒体。先后获得"国家地理标志保护产品""中华老字号"等殊荣。

　　宣酒也是国家地理标志产品，核心技术江南小窖古法酿造技艺已入选非物质文化遗产保护名录，品牌先后荣获 "中国小窖酿造白酒领袖品牌" "中国十大最具增长潜力的白酒品牌" 等称号。

品　　牌　蚌埠牌
品　　名　蚌埠白酒
生产厂家　安徽省国营蚌埠酒厂
产　　地　安徽
生产年份　1983 年

品　　牌　蚌埠牌
品　　名　蚌埠头曲
生产厂家　安徽省国营蚌埠酒厂
产　　地　安徽
生产年份　1983 年

品　　牌　蚌埠牌
品　　名　蚌埠特曲
生产厂家　安徽省国营蚌埠酒厂
产　　地　安徽
生产年份　1986 年

品　　牌　临水牌
品　　名　临水玉泉酒
生产厂家　安徽省霍邱临水酒厂
产　　地　安徽
生产年份　90 年代

品　　牌　合肥牌
品　　名　高粱双曲
生产厂家　安徽合肥酒厂
产　　地　安徽
生产年份　1988 年

品　　牌　开益牌
品　　名　千杯少特曲
生产厂家　安徽灵璧大曲酒厂
产　　地　安徽
生产年份　1989 年

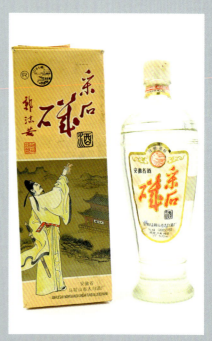

品　　牌　采石矶牌
品　　名　采石矶酒
生产厂家　安徽省马鞍山市太白酒厂
产　　地　安徽
生产年份　1991 年

品　　牌　高炉牌
品　　名　高粱大曲
生产厂家　安徽省涡阳县高炉酒厂
产　　地　安徽
生产年份　1976 年

品　　牌　高炉牌
品　　名　高炉大曲
生产厂家　安徽省涡阳县高炉酒厂
产　　地　安徽
生产年份　1979 年

品　　牌　高炉牌
品　　名　双喜佳酿
生产厂家　中国安徽涡阳高炉酒厂
产　　地　安徽
生产年份　1986 年

品　　牌　高炉牌
品　　名　高炉佳酿
生产厂家　国营安徽省涡阳县高炉酒厂
产　　地　安徽
生产年份　1993 年

品　　牌　高炉牌
品　　名　高炉特曲
生产厂家　国营安徽涡阳县高炉酒厂
产　　地　安徽
生产年份　1994 年

品　　牌　濉溪牌
品　　名　高粱大曲
生产厂家　安徽省濉溪市酒厂出品
产　　地　安徽
生产年份　1979 年

品　　牌　濉溪牌
品　　名　口子酒
生产厂家　安徽淮北市酒厂
产　　地　安徽
生产年份　1982 年

品　　牌　曹操牌
品　　名　曹家高粱大曲
生产厂家　安徽省亳州市古井镇第二酒厂
产　　地　安徽
生产年份　1989 年

品　　牌　曹操牌
品　　名　曹操酒
生产厂家　安徽省亳州市曹操贡酒厂
产　　地　安徽
生产年份　1991 年

品　　牌　曹操牌
品　　名　曹操贡酒
生产厂家　安徽省亳州市曹操贡酒厂
产　　地　安徽
生产年份　1992 年

品　　牌　曹操牌
品　　名　曹操贡
生产厂家　安徽省亳州市曹操贡酒厂
产　　地　安徽
生产年份　1992 年

品　　牌　曹操牌
品　　名　曹操贡酒
生产厂家　安徽省亳州市曹操贡酒厂
产　　地　安徽
生产年份　1994 年

品　　牌　谯都牌
品　　名　曹操贡酒
生产厂家　安徽亳州市曹贡酒厂
产　　地　安徽
生产年份　1988 年

品　牌	沺河牌	品　牌	凤阳牌	品　牌	魏牌
品　名	沺河大曲	品　名	高粱大曲	品　名	高粱大曲
生产厂家	国营安徽利辛县沺河酒厂	生产厂家	国营安徽凤阳酒厂	生产厂家	安徽亳州市古井镇酒总厂
产　地	安徽	产　地	安徽	产　地	安徽
生产年份	1989 年	生产年份	1989 年	生产年份	1990 年

品　牌	古塔牌	品　牌	迎驾牌	品　牌	种子牌
品　名	亳州贡酒	品　名	迎驾贡酒	品　名	种子玉液酒
生产厂家	安徽省亳州市古陵酒厂	生产厂家	安徽迎驾贡酒有限公司	生产厂家	安徽种子酒总厂
产　地	安徽	产　地	安徽	产　地	安徽
生产年份	1989 年	生产年份	1998 年	生产年份	1996 年

品　　牌　古井牌
品　　名　玉液酒
生产厂家　安徽亳县古井酒厂
产　　地　安徽
生产年份　1979 年

品　　牌　古井牌
品　　名　古井贡酒
生产厂家　安徽亳县古井酒厂
产　　地　安徽
生产年份　1981 年

品　　牌　古井牌
品　　名　古井 988 酒
生产厂家　中国安徽亳州古井酒厂
产　　地　安徽
生产年份　1993 年

品　　牌　曹冠牌
品　　名　贡酒
生产厂家　安徽省亳州市御饮酒厂
产　　地　安徽
生产年份　1991 年

品　　牌　观音牌
品　　名　观音玉液
生产厂家　安徽亳县观音酒厂
产　　地　安徽
生产年份　1983 年

品　　牌　三曹牌
品　　名　亳县大曲
生产厂家　安徽亳州市古井第一酒厂
产　　地　安徽
生产年份　1989 年

品　　牌	明光牌	品　　牌	明光牌	品　　牌	明光牌
品　　名	明光特曲	品　　名	明光大曲	品　　名	明光特曲
生产厂家	安徽省明光酒厂	生产厂家	安徽省明光酒厂	生产厂家	安徽省明光酒厂
产　　地	安徽	产　　地	安徽	产　　地	安徽
生产年份	1987 年	生产年份	1989 年	生产年份	1993 年

品　　牌	焦陂牌	品　　牌	焦陂牌	品　　牌	焦陂牌
品　　名	焦陂特曲	品　　名	焦陂特曲	品　　名	古焦陂酒
生产厂家	国营安徽阜南焦陂酒厂	生产厂家	安徽省阜南焦陂酒厂	生产厂家	安徽焦陂酒厂
产　　地	安徽	产　　地	安徽	产　　地	安徽
生产年份	1995 年	生产年份	1992 年	生产年份	1991 年

品　　牌	嘉山牌
品　　名	明光大曲
生产厂家	安徽省嘉山县明光酒厂
产　　地	安徽
生产年份	1979 年

品　　牌	口子牌
品　　名	口子老窖
生产厂家	安徽濉溪县口子酒厂
产　　地	安徽
生产年份	1992 年

品　　牌	口子牌
品　　名	金口子酒
生产厂家	安徽省濉溪县口子酒厂
产　　地	安徽
生产年份	1999 年

品　　牌	怀纪牌
品　　名	老贡大曲
生产厂家	安徽国营亳州市老贡酒厂
产　　地	安徽
生产年份	1995 年

品　　牌	雷阳牌
品　　名	雷池特曲
生产厂家	国营安徽雷池酒厂
产　　地	安徽
生产年份	1989 年

品　　牌	两代人牌
品　　名	两代人佳酿
生产厂家	安徽阜阳地王酒业有限公司
产　　地	安徽
生产年份	1997 年

品　　牌　濉城牌
品　　名　口子老窖
生产厂家　国营安徽濉溪县濉城酒厂
产　　地　安徽
生产年份　1981 年

品　　牌　焦阳牌
品　　名　焦陂特曲
生产厂家　安徽阜南焦陂酒厂
产　　地　安徽
生产年份　1988 年

品　　牌　沙河牌
品　　名　沙河特曲
生产厂家　安徽省界首市酒厂
产　　地　安徽
生产年份　1993 年

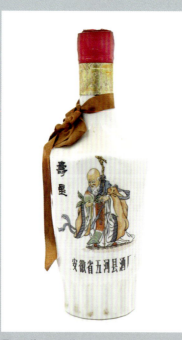

品　　牌　龙兴古刹牌
品　　名　龙兴御液
生产厂家　安徽凤阳酒厂
产　　地　安徽
生产年份　1999 年

品　　牌　五河牌
品　　名　寿星酒
生产厂家　安徽省五河县酒厂
产　　地　安徽
生产年份　1984 年

品　　牌　巢湖牌
品　　名　糯米陈酒
生产厂家　安徽省肥西县三河酒厂
产　　地　安徽
生产年份　1981 年

品　　牌　濉溪牌
品　　名　濉溪佳酿
生产厂家　安徽省淮北市口子酒厂
产　　地　安徽
生产年份　1983 年

品　　牌　三秋牌
品　　名　醉三秋酒
生产厂家　国营阜阳县酒厂
产　　地　安徽
生产年份　1994 年

品　　牌　醉翁牌
品　　名　醉翁特曲
生产厂家　安徽省滁州市酿酒总厂
产　　地　安徽
生产年份　1989 年

品　　牌　泗州牌
品　　名　泗州佳酒
生产厂家　国营安徽省泗州酒厂
产　　地　安徽
生产年份　1996 年

品　　牌　嘉山牌
品　　名　明光大曲
生产厂家　安徽省嘉山县明光酒厂
产　　地　安徽
生产年份　1977 年

品　　牌　不详
品　　名　汤王酒
生产厂家　安徽省亳州市汤王酒厂
产　　地　安徽
生产年份　1989 年

品　　牌　秋夏牌
品　　名　皖北酒
生产厂家　安徽省宿州市古沱酒厂
产　　地　安徽
生产年份　1996 年

品　　牌　庆利牌
品　　名　文州特曲
生产厂家　安徽省利辛县酒厂
产　　地　安徽
生产年份　1988 年

品　　牌　逍遥津牌
品　　名　逍遥津酒
生产厂家　安徽合肥酒厂
产　　地　安徽
生产年份　1983 年

品　　牌　乳泉牌
品　　名　禹王头曲
生产厂家　安徽怀远乳泉酒厂
产　　地　安徽
生产年份　1987 年

品　　牌　玉王牌
品　　名　玉王佳酿
生产厂家　阜南县玉皇酒业有限公司
产　　地　安徽
生产年份　1989 年

福建酒文化多姿多彩

福建海岸曲折，岛屿众多，山地丘陵面积约占全省土地总面积的 90%，冬季温暖，夏季炎热，适宜甘蔗等喜高温作物和亚热带植物生长。福建的森林覆盖率为 66.8%，居全国首位。得天独厚的地理环境，为农作物的生长创造了良好条件。

原料多了，酒也多了。酒文化在福建是多姿多彩的，酒的品种多，产量也丰富。素有"八闽第一窖"美誉的东平老窖，利用楠木林中清澈见底的矿泉水，经过蒸粮、酿造、贮存、勾兑、检验、灌装六个环节制作而成，酒体柔和醇厚，酒窖香气浓郁，口感和谐。曲斗香酒属于大曲海底窖藏白酒，是福建最具价值白酒品牌。它以高粱、玉米、大麦、小麦、豌豆等粮食为原料，酒质清澈，诸味协调、纯净、醇厚。

武夷王酒，酒质清亮透明，窖香浓郁，绵甜适口，余味悠长，先后获得中国驰名商标等称号。二宜楼酒是浓香型白酒，入口绵长，回味甘甜，后尾干净，余味爽口，是酒厂坚持真五粮、真水源、真秘方、真工艺、真窖酿、真原浆、真醇柔后得到的。

福建各种香型的酒都有，其中丹凤高粱系列以小曲清香型白酒为主，经半固态糖化、发酵、蒸馏、贮存、勾兑酿制而成，甘甜爽口，香气和谐，回味悠长。浓香型高粱酒具有浓郁的复合香气，香味协调，余味悠长。

米香型白酒以大米为原料，经半固态糖化、发酵、蒸馏、贮存、勾兑酿制而成的具有乳酸乙酯为主体香气的蒸馏酒。福矛窖酒是酱香型白酒，九次蒸煮，八次发酵，七次取酒，以高温制曲、高温发酵、高温接酒而成，酒体酱香突出，空杯留香。

品　牌　丹凤牌
品　名　丹凤高粱酒
生产厂家　福建厦门酿酒厂
产　地　福建
生产年份　20 世纪 70 年代

品　　牌　黄华山牌
品　　名　黄华山臻品酒
生产厂家　黄华山酿酒厂
产　　地　福建
生产年份　21 世纪 90 年代

品　　牌　琼杯牌
品　　名　龙潭白酒
生产厂家　福建省长汀县酒厂
产　　地　福建
生产年份　20 世纪 80 年代

品　　牌　鼓山牌
品　　名　双曲酒
生产厂家　福州酒厂
产　　地　福建
生产年份　20 世纪 70 年代

品　　牌　双灯牌
品　　名　福建老酒
生产厂家　福建中国粮油食品进出口公司监制
产　　地　福建
生产年份　20 世纪 80 年代

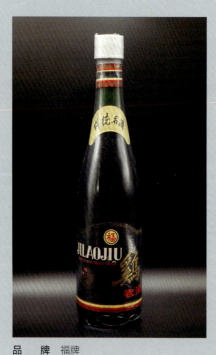

品　　牌　福牌
品　　名　鸡老酒
生产厂家　福建省福安酒厂出品
产　　地　福建
生产年份　20 世纪 80 年代

品　　牌　荄江牌
品　　名　阳春大补酒
生产厂家　福建漳州酒厂
产　　地　福建
生产年份　21 世纪初

品　　牌　凤凰牌
品　　名　米酒
生产厂家　厦门酿酒厂
产　　地　福建
生产年份　20 世纪 70 年代

品　　牌　龙江牌
品　　名　米烧酒
生产厂家　福建漳州酒厂
产　　地　福建
生产年份　20 世纪 80 年代

品　　牌　闽东牌
品　　名　闽东二曲
生产厂家　福建省福安酒厂
产　　地　福建
生产年份　20 世纪 70 年代

品　　牌　清源牌
品　　名　清源小曲
生产厂家　福建省泉州酒厂
产　　地　福建
生产年份　20 世纪 80 年代

品　　牌　晃岩牌
品　　名　厦门福寿酒
生产厂家　厦门酿酒厂
产　　地　福建
生产年份　20 世纪 80 年代

品　　牌　厦门牌
品　　名　厦门高粱酒
生产厂家　百世威大酒堡（厦门）
　　　　　酿造有限公司
产　　地　福建
生产年份　21 世纪初

品　　牌　新罗泉牌		品　　牌　新罗泉牌	
品　　名　新罗泉沉缸酒		品　　名　新罗泉沉缸酒	
生产厂家　福建龙岩酒厂		生产厂家　福建龙岩酒厂	
产　　地　福建		产　　地　福建	
生产年份　20 世纪 80 年代		生产年份　20 世纪 80 年代	

品　　牌　曲牌

品　　名　曲斗香酒

生产厂家　福建省曲斗香酒业有限公司

产　　地　福建

生产年份　2010 年

品　　牌　新罗泉牌
品　　名　沉缸酒
生产厂家　福建龙岩酒厂
产　　地　福建
生产年份　20 世纪 80 年代

品　　牌　红福牌
品　　名　蜜沉沉
生产厂家　福建省福安酒厂
产　　地　福建
生产年份　20 世纪 70 年代

品　　牌　新罗泉牌
品　　名　沉缸酒
生产厂家　福建龙岩酒厂
产　　地　福建
生产年份　20 世纪 80 年代

品　牌 金象牌
品　名 周公百岁酒
生产厂家 福州中药制酒厂
产　地 福建
生产年份 20世纪80年代

周公百岁酒

周公百岁酒创于『福州回春药店』，
迄今已有二百余年的历史，是选用道地
名贵药材、遵古炮制、精工酿造。其酒
性温而不燥、浓而不腻、气味芬香、常
服不辍，不仅补益气血，且有治病功效，
驰名中外，深受称赞。

主要成份：党参、龟板胶、枸杞子、川
芎、当归（炒）、生地黄、肉桂、五味子、
黄芪（蜜炙）、红枣、山茱萸等。
功能与主治：益气养血，补肾填精，用
于气血两亏，真阴不足，四肢酸软，诸
风瘫痪等症。
用法与用量：口服一次30-50毫升，一
日二次。
注意：孕妇忌服。
贮藏：密封，避热。

闽卫药准字（1996）第000704号

品　　牌　福茅牌
品　　名　福茅窖酒
生产厂家　福建省建瓯黄华山酿酒有限公司
产　　地　福建
生产年份　21 世纪初

品　　牌　永健牌
品　　名　参芪酒
生产厂家　福建省永泰保健饮料厂
产　　地　福建
生产年份　20 世纪 70 年代

品　　牌　建远牌
品　　名　迎宾酒
生产厂家　国营福建省建宁酒厂
产　　地　福建
生产年份　20 世纪 80 年代

品　　牌　杭州牌
品　　名　蕲蛇酒
生产厂家　中国福建光泽酒厂
产　　地　福建
生产年份　20 世纪 80 年代

品　　牌　福宁牌
品　　名　寿松特酿
生产厂家　国营福建省建宁酒厂
产　　地　福建
生产年份　20 世纪 80 年代

品　　牌　石豉山牌
品　　名　中华白酒
生产厂家　中国人民解放军 32435 部队酿造
产　　地　福建
生产年份　20 世纪 80 年代

江西白酒药酒多

　　江西自古物华天宝，多产白酒、米酒、药酒，酒是家家户户必备的饮料，那么江西有什么知名白酒呢？

　　第一名就是四特酒，是江西最有名气的白酒，是中国特香型白酒的开创者。四特酒身世可以追溯到距今 3500 年前的殷商时期（那时候一般是黄酒类型）。四特酒以整粒大米为原料，采用传统的续渣混蒸、经多道程序精工酿制而成，具有清、香、醇、纯的特点。

　　南宋丞相文天祥饮用堆花酒后说："层层堆花真乃好酒。"堆花酒从此传遍大江南北，成为当地的传统佳酿。堆花酒以优质大米为原料，采真君山古清泉，用人工老窖发酵精酿而成，具有清亮透明、浓香加药香等特点。

　　李渡酒是中国国家地理标志产品。李渡烧酒作坊遗址是中国时代最早、遗址最全、遗物最多、时间跨度最长，且最富有地方特色的大型古代烧酒作坊遗址，并沿用至今。李渡酒以整粒大米为原料，酒体色泽清亮，味甘醇厚，香雅馥郁，回味悠长。临川贡酒是江西省著名商标，自古便是临川文化最有特色的一部分。临川贡酒以优质大米为原料，结合现代酿酒技术，经过精心勾兑而成。酒液具有纯清、闻香优雅、口感醇正、甘绵爽净、低度味不淡、不上头等特点。

　　章贡王酒是江西赣州特产白酒，用优质粮食酿造，存贮期达二十年，香气舒适，口味醇甜，香味协调，尾味爽净。1997年后连续被授予"江西省名牌产品"荣誉称号。

　　此外，江西还有七宝山酒、全良液、清华婺酒等多种白酒。

　　江西的药酒也是非常出名的，除了清华婺酒，还有红军可乐、胡卓人蕲蛇药酒、南城麻姑酒等药酒，这些酒都以当地的优质白酒作为基酒，添加中药材浸泡或者发酵，深受当地人的喜爱。

品　　牌　李渡牌
品　　名　李渡高粱
生产厂家　江西省进贤县李渡酒厂
产　　地　江西
生产年份　20 世纪 70 年代

品　　牌　雄岚牌
品　　名　纯粮特曲
生产厂家　江西省东乡县酿酒厂
产　　地　江西
生产年份　20 世纪 90 年代

品　　牌　洞口泉牌
品　　名　洞口泉酒
生产厂家　江西省萍乡市洞口泉酒厂
产　　地　江西
生产年份　20 世纪 80 年代

品　　牌　赣中牌
品　　名　赣酒
生产厂家　国营江西赣酒酒厂
产　　地　江西
生产年份　20 世纪 90 年代

品　　牌　鼓楼牌
品　　名　堆花特曲
生产厂家　国营江西吉安市酿酒厂
产　　地　江西
生产年份　20 世纪 70 年代

品　　牌　鼓楼牌
品　　名　堆花特曲
生产厂家　国营江西吉安市酿酒厂
产　　地　江西
生产年份　20 世纪 80 年代

品　　牌　全良牌
品　　名　全良液
生产厂家　国营江西省上饶全粮液酒厂
产　　地　江西
生产年份　20 世纪 90 年代

品　　牌　牛头牌
品　　名　纯粮大曲
生产厂家　江西恒丰酒厂
产　　地　江西
生产年份　20 世纪 90 年代

品　　牌　全南牌
品　　名　江南头曲
生产厂家　江西全南酒厂
产　　地　江西
生产年份　20 世纪 80 年代

品　　牌　全南牌
品　　名　江南头曲
生产厂家　中国江西全南酒厂
产　　地　江西
生产年份　20 世纪 80 年代

品　　牌　通天岩牌
品　　名　赣泉酒
生产厂家　江西赣州酒厂
产　　地　江西
生产年份　20 世纪 70 年代

品　　牌　通天岩牌
品　　名　赣泉酒
生产厂家　江西赣州酒厂
产　　地　江西
生产年份　20 世纪 80 年代

品　　牌　牯岭牌
品　　名　牯岭窖酒
生产厂家　中国南昌酒厂
产　　地　江西
生产年份　20 世纪 80 年代

品　　牌　山谷泉牌
品　　名　金樱子白酒
生产厂家　江西修水县
　　　　　山谷泉酒业有限公司江西
产　　地　江西
生产年份　21 世纪初

品　　牌　锦江牌
品　　名　锦江酒
生产厂家　国营江西省万载酿酒厂
产　　地　江西
生产年份　20 世纪 90 年代

品　　牌　康郎牌
品　　名　康郎曲酒
生产厂家　江西省余干县酒厂
产　　地　江西
生产年份　20 世纪 90 年代

品　　牌　堆花牌
品　　名　堆花特曲
生产厂家　国营江西安吉市酿酒厂
产　　地　江西
生产年份　20 世纪 80 年代

品　　牌　堆花牌
品　　名　堆花特曲
生产厂家　国营吉安市酿酒厂
产　　地　江西
生产年份　20 世纪 80 年代

品　　牌　李渡牌
品　　名　李渡高梁
生产厂家　江西李渡酒厂
产　　地　江西
生产年份　20 世纪 80 年代

品　　牌　李渡牌
品　　名　李渡老窖
生产厂家　江西李渡酒厂
产　　地　江西
生产年份　20 世纪 90 年代

品　　牌　安远牌
品　　名　廉江曲酒
生产厂家　江西省安远酒厂
产　　地　江西
生产年份　20 世纪 80 年代

品　　牌　康乐牌
品　　名　龙河曲酒（正面）
生产厂家　江西省万载酒厂
产　　地　江西
生产年份　20 世纪 80 年代

品　　牌　康乐牌
品　　名　龙河曲酒（反面）
生产厂家　江西省万载酒厂
产　　地　江西
生产年份　20 世纪 80 年代

品　　牌　旴江牌
品　　名　江西特曲
生产厂家　江西酒厂出品
产　　地　江西
生产年份　20 世纪 80 年代

品　　牌　旴江牌
品　　名　江西特曲
生产厂家　国营江西南城麻姑酒厂
产　　地　江西
生产年份　20 世纪 80 年代

品　　牌　青龙山牌
品　　名　青泉大曲
生产厂家　江西全南国营八一酿酒厂
产　　地　江西
生产年份　20 世纪 80 年代

品　　牌　金樱牌
品　　名　金樱酒
生产厂家　江西茅山酒厂
产　　地　江西
生产年份　20 世纪 80 年代

品　　牌　饶州牌
品　　名　饶州酒
生产厂家　江西省波阳酒厂
产　　地　江西
生产年份　20 世纪 80 年代

品　　牌　瑞牌
品　　名　瑞酒
生产厂家　江西省高安县酿酒厂
产　　地　江西
生产年份　20 世纪 80 年代

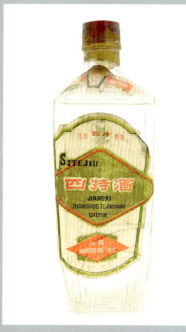

品　　牌　四特牌
品　　名　四特酒
生产厂家　江西樟树四特酒厂
产　　地　江西
生产年份　20 世纪 80 年代

品　　牌　四特牌
品　　名　四特酒
生产厂家　江西樟树四特酒厂
产　　地　江西
生产年份　20 世纪 80 年代

品　　牌　四特牌
品　　名　四特酒
生产厂家　江西樟树四特酒厂
产　　地　江西
生产年份　20 世纪 80 年代

品　　牌　四特牌
品　　名　四特酒
生产厂家　江西樟树四特酒厂
产　　地　江西
生产年份　20 世纪 80 年代

品　　牌　四特牌
品　　名　四特酒
生产厂家　江西樟树四特酒厂
产　　地　江西
生产年份　20 世纪 80 年代

品　　牌　四特牌
品　　名　四特酒
生产厂家　江西樟树四特酒厂
产　　地　江西
生产年份　20 世纪 90 年代

品　　牌　四特牌
品　　名　四特酒
生产厂家　江西樟树四特酒厂
产　　地　江西
生产年份　20 世纪 80 年代

品　　牌　四特牌
品　　名　四特酒
生产厂家　江西樟树四特酒厂
产　　地　江西
生产年份　20 世纪 80 年代

品　　牌　望君楼牌
品　　名　四特酒
生产厂家　江西樟树酒厂
产　　地　江西
生产年份　20 世纪 70 年代

品　　牌　全南牌
品　　名　天龙液
生产厂家　江西全南酒厂
产　　地　江西
生产年份　20 世纪 80 年代

品　　牌　全南牌
品　　名　天龙液
生产厂家　江西全南酒厂
产　　地　江西
生产年份　20 世纪 80 年代

品　　牌　龙头牌
品　　名　香美酒
生产厂家　江西中国粮油食品进出口公司
产　　地　江西
生产年份　20 世纪 80 年代

品　　牌　信州牌
品　　名　信州春酒
生产厂家　江西上饶地区酒厂
产　　地　江西
生产年份　20 世纪 90 年代

品　　牌　庐山牌
品　　名　一滴泉
生产厂家　江西庐山酿酒厂
产　　地　江西
生产年份　20 世纪 80 年代

品　　牌　瓢泉牌
品　　名　中国古汉酒
生产厂家　国营江西铅山酿造总厂
产　　地　江西
生产年份　20 世纪 70 年代

品　　牌　九龙山牌
品　　名　九龙泉
生产厂家　江西安远酒厂出品
产　　地　江西
生产年份　20 世纪 70 年代

品　　牌　南山牌
品　　名　南山酒
生产厂家　江西信丰酿酒厂
产　　地　江西
生产年份　20 世纪 80 年代

品　　牌　华岭牌
品　　名　苦瓜酒
生产厂家　江西赣县华岭酒厂
产　　地　江西
生产年份　20 世纪 80 年代

品　　牌　宜春台牌
品　　名　袁州特曲
生产厂家　国营江西宜春酒厂
产　　地　江西
生产年份　20 世纪 80 年代

品　　牌　宜春牌
品　　名　宜春大曲
生产厂家　江西宜春酿酒厂
产　　地　江西
生产年份　20 世纪 80 年代

品　　牌　望津楼牌
品　　名　樟树特曲
生产厂家　江西樟树四特酒厂
产　　地　江西
生产年份　20 世纪 80 年代

品　　牌　瓢泉牌
品　　名　中国古汉酒
生产厂家　中国江西铅山酿造总厂
产　　地　江西
生产年份　20 世纪 90 年代

山东有哪些好酒？

山东不仅是文化大省，也是白酒生产和消费的大省。在白酒最盛行的时候，几乎每个县都有酒厂，这在外地很少见。

山东的白酒，几乎每个县都有自己的牌子。孔府家酒传承孔府自家私酿酒坊传统酿造技艺，历经数代酿酒师的长期探索和不断改进，在生产工艺和产品质量上形成了自己的独特风格。琅琊台牌白酒采用回槽多轮发酵技术和串蒸技术，使琅琊台牌白酒具备了窖香浓郁、绵甜甘洌、落口爽净、回味悠长等浓香型白酒的特点。

云门春酒享有"鲁酒之峰，江北茅台"的美誉，占据了北派酱香的地位，是中国酱香型白酒国家标准三大制定企业（云门、茅台、郎酒）之一。扳倒井酒师承名酒又不拘泥于传统，创立了二次窖泥技术，形成了集窖香、糟香、粮香、曲香、陈香于一体，诸味协调的风格，醇和、耐喝、顺口，喝了不容易上头。古贝春是一款浓香型纯粮优质白酒，许多人都喜欢这种口感，现已广泛流传到省外，在河北、河南等地，古贝春已是无人不知，称其为物美价廉的白酒品牌。

景阳冈是浓香型白酒产品，它选用优质粮食，用泥池老窖、清蒸等工艺酿造，酒体清澈透明，窖香浓郁，醇和协调，绵甜爽净，余味悠长。景芝酒是典型的清雅芝麻香风格，不像馥郁芝麻香酒那般浓郁，也不像窖香芝麻香酒那般浓香感明显，其风格集浓清酱于一体，又突出了芝麻香的味道。趵突泉泉香系列酒，酒体风格醇甜甘洌，独一无二。有着这份独特，趵突泉白酒具备了品牌的唯一性、稀缺性和尊贵性，是一款最能代表济南的白酒，成为济南人心尖上的最爱。

兰陵的酒美，是因为采用了传统的独特工艺，以优质黍子米为原料，配以独特的兰陵水，封缸自然陈酿，具有自然形成的琥珀光泽，酿厚柔和。李白在《客中作》中赞曰：兰陵美酒郁金香，玉碗盛来琥珀光。但使主人能醉客，不知何处是他乡。

品　　牌　白洋河
品　　名　白洋河特曲
生产厂家　山东省栖霞县酿酒厂
产　　地　山东
生产年份　20 世纪 90 年代

品　　牌　禹王亭牌
品　　名　财源酒
生产厂家　国营山东禹城酿酒厂
产　　地　山东
生产年份　20 世纪 90 年代

品　　牌　曹植牌
品　　名　草植醉
生产厂家　山东东阿酒厂
产　　地　山东
生产年份　20 世纪 90 年代

品　　牌　钢山牌
品　　名　钢山特曲
生产厂家　山东省邹城市钢山酒业有限公司
产　　地　山东
生产年份　20 世纪 90 年代

品　　牌　莱州泉牌
品　　名　纯粮陈窖
生产厂家　山东省国营莱州市酿酒厂
产　　地　山东
生产年份　20 世纪 80 年代

品　　牌　稻玉液牌
品　　名　稻玉液
生产厂家　山东 55051 部队渤海酒厂
产　　地　山东
生产年份　20 世纪 90 年代

品　　牌　古贝春牌
品　　名　古贝春酒
生产厂家　山东省武城酒厂
产　　地　山东
生产年份　20 世纪 80 年代

品　　牌　东昌牌
品　　名　东昌窖头
生产厂家　山东省聊城铁厂
产　　地　山东
生产年份　20 世纪 90 年代

品　　牌　密州牌
品　　名　东坡礼品酒
生产厂家　国营山东诸城市酒厂
产　　地　山东
生产年份　20 世纪 90 年代

品　　牌　葵花牌
品　　名　俄得克
生产厂家　青岛中国粮油食品进出口公司
产　　地　山东
生产年份　20 世纪 70 年代

品　　牌　颜鲁公牌
品　　名　发大财酒
生产厂家　山东陵县东方酿酒总公司
产　　地　山东
生产年份　20 世纪 90 年代

品　　牌　范公牌
品　　名　范公窖头
生产厂家　山东范公酒厂
产　　地　山东
生产年份　20 世纪 80 年代

品　　牌　坊子牌
品　　名　坊子白酒
生产厂家　山东坊子酒厂
产　　地　山东
生产年份　20 世纪 90 年代

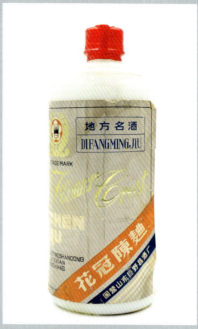

品　　牌　寿光牌
品　　名　侯镇二曲
生产厂家　国营山东寿光酒厂
产　　地　山东
生产年份　20 世纪 90 年代

品　　牌　花冠牌
品　　名　花冠陈曲
生产厂家　国营山东巨野县酒厂
产　　地　山东
生产年份　20 世纪 80 年代

品　　牌　英武牌
品　　名　阳谷老陈酿
生产厂家　山东阳谷陈酿酒厂
产　　地　山东
生产年份　21 世纪初

品　　牌	邹平牌		品　　牌	将进牌		品　　牌	皇樽牌
品　　名	会仙老窖		品　　名	将进酒		品　　名	皇樽特曲
生产厂家	国营邹平酒厂		生产厂家	山东省冠县酒厂		生产厂家	山东省昌邑酿酒厂
产　　地	山东		产　　地	山东		产　　地	山东
生产年份	20 世纪 80 年代		生产年份	20 世纪 90 年代		生产年份	20 世纪 80 年代

品　　牌	葵花牌		品　　牌	金爵牌		品　　牌	海洋牌
品　　名	金奖白兰地		品　　名	金爵特酿		品　　名	海洋窖酒
生产厂家	青岛中国粮油食品进出口公司		生产厂家	中国山东沾化酒厂		生产厂家	国营青岛酒厂
产　　地	山东		产　　地	山东		产　　地	山东
生产年份	20 世纪 80 年代		生产年份	20 世纪 90 年代		生产年份	20 世纪 80 年代

品　　牌　金垒牌
品　　名　金垒美酒
生产厂家　山东省东平州酒厂
产　　地　山东
生产年份　20 世纪 80 年代

品　　牌　张裕牌
品　　名　金星高月白兰地
生产厂家　中国烟台张裕葡萄酒公司
产　　地　山东
生产年份　20 世纪 60 年代

品　　牌　锦秋牌
品　　名　锦秋特曲
生产厂家　国营山东博兴酒厂
产　　地　山东
生产年份　20 世纪 80 年代

品　　牌　双鱼牌
品　　名　三粮酒
生产厂家　中国国营博兴酒厂
产　　地　山东
生产年份　20 世纪 80 年代

品　　牌　即墨牌
品　　名　即墨糠酒
生产厂家　中国山东即墨黄酒厂
产　　地　山东
生产年份　20 世纪 70 年代

品　　牌　即墨牌
品　　名　即墨老酒
生产厂家　中国山东即墨黄酒厂
产　　地　山东
生产年份　20 世纪 80 年代

品　　牌　即墨牌
品　　名　即墨老酒组合
生产厂家　中国山东即墨黄酒厂
产　　地　山东
生产年份　20 世纪 80 年代

品　　牌　景芝牌
品　　名　景芝特酿
生产厂家　山东景芝酒厂
产　　地　山东
生产年份　20 世纪 80 年代

品　　牌　景芝牌
品　　名　景芝白干
生产厂家　山东景芝酒厂出品
产　　地　山东
生产年份　20 世纪 80 年代

品　　牌　景芝牌
品　　名　景芝白干
生产厂家　山东景芝酒厂
产　　地　山东
生产年份　20 世纪 90 年代

品　　牌　景芝牌
品　　名　景芝二曲
生产厂家　山东景芝酒厂
产　　地　山东
生产年份　21 世纪 00 年代

品　　牌　景芝牌
品　　名　景芝佳酿
生产厂家　山东景芝酒厂
产　　地　山东
生产年份　20 世纪 80 年代

品　　牌　景芝牌
品　　名　景芝特酿
生产厂家　山东景芝酒厂
产　　地　山东
生产年份　20 世纪 80 年代

品　　牌　孔府牌
品　　名　孔府家酒
生产厂家　山东曲阜酒厂
产　　地　山东
生产年份　20 世纪 90 年代

品　　牌　莱州牌
品　　名　莱州特酿
生产厂家　中国山东掖县酿酒厂
产　　地　山东
生产年份　20 世纪 80 年代

品　　牌　莱州牌
品　　名　莱州特酿
生产厂家　国营山东掖县酿酒厂
产　　地　山东
生产年份　20 世纪 80 年代

品　　牌　景阳门牌
品　　名　景阳门老窖
生产厂家　山东安邱县景芝酿酒厂
产　　地　山东
生产年份　20 世纪 80 年代

品　　牌　莱州牌
品　　名　莱州特曲
生产厂家　国营山东掖县酿酒厂
产　　地　山东
生产年份　20 世纪 80 年代

品　　牌　莱州牌
品　　名　莱州状元杯
生产厂家　国营莱州市酿酒厂
产　　地　山东
生产年份　20 世纪 90 年代

品　　牌　善牌
品　　名　善酒
生产厂家　国营山东藤县酿酒总厂
产　　地　山东
生产年份　20 世纪 80 年代

品　　牌　兰陵牌
品　　名　兰陵大曲
生产厂家　山东省兰陵美酒股份有限公司
产　　地　山东
生产年份　20 世纪 90 年代

品　　牌　兰陵牌
品　　名　兰陵特曲
生产厂家　山东兰陵美酒厂
产　　地　山东
生产年份　20 世纪 90 年代

品　　牌　兰陵牌
品　　名　兰陵美酒
生产厂家　山东兰陵酒厂
产　　地　山东
生产年份　20 世纪 80 年代

品　　牌　颜宇碑牌
品　　名　陵县佳酿
生产厂家　地方国营陵县酒厂
产　　地　山东
生产年份　20 世纪 80 年代

品　　牌　柳泉牌
品　　名　柳泉大曲
生产厂家　国营山东淄川酒厂
产　　地　山东
生产年份　20 世纪 90 年代

品　　牌　龙琬牌
品　　名　龙酒
生产厂家　山东国营临朐酒厂
产　　地　山东
生产年份　20 世纪 80 年代

品　　牌　幽雅泉牌
品　　名　六十度醇
生产厂家　山东蓬莱市大季家甘泉酒厂
产　　地　山东
生产年份　20 世纪 90 年代

品　　牌　金线顶牌
品　　名　龙凤酒
生产厂家　山东威海酿酒厂
产　　地　山东
生产年份　20 世纪 80 年代

品　　牌　骆驼巷牌
品　　名　骆驼巷玉液
生产厂家　国营山东阳谷骆驼酒厂
产　　地　山东
生产年份　20 世纪 90 年代

品　　牌　芦笋牌
品　　名　芦笋酒
生产厂家　山东省国营乳山县酿酒厂
产　　地　山东
生产年份　20 世纪 80 年代

品　　牌　鲁陵牌
品　　名　鲁陵大曲
生产厂家　中国山东鲁陵酒厂
产　　地　山东
生产年份　20 世纪 80 年代

品　　牌　庆云牌
品　　名　千林醉酒
生产厂家　山东省国营庆云县酒厂
产　　地　山东
生产年份　20 世纪 80 年代

品　　牌　孟尝君牌
品　　名　孟尝君特曲
生产厂家　山东省茌平县孟尝君酒厂
产　　地　山东
生产年份　20 世纪 90 年代

品　　牌　鹏泉牌
品　　名　鹏泉陈酒
生产厂家　国营山东省莱芜市酿酒总厂
产　　地　山东
生产年份　21 世纪初

品　　牌　曲阜牌
品　　名　曲阜特曲
生产厂家　山东曲阜酒厂
产　　地　山东
生产年份　20 世纪 80 年代

品　　牌　广饶牌
品　　名　五粮特液
生产厂家　广饶县运河酒厂
产　　地　山东
生产年份　20 世纪 90 年代

品　　牌　乾隆杯牌
品　　名　乾隆御酒
生产厂家　中国山东昌邑酿酒厂
产　　地　山东
生产年份　20 世纪 90 年代

品　　牌　重耳牌
品　　名　重耳御酒
生产厂家　国营山东庄平县酒厂
产　　地　山东
生产年份　20 世纪 90 年代

品　　牌　水浒牌
品　　名　水浒老窖
生产厂家　山东省郓城县酒厂
产　　地　山东
生产年份　20 世纪 80 年代

品　　牌　泰山牌
品　　名　泰山特曲
生产厂家　山东泰安酿酒总厂
产　　地　山东
生产年份　20 世纪 80 年代

品　　牌　泰山牌
品　　名　泰山特曲
生产厂家　山东省泰山酿酒饮料集团
产　　地　山东
生产年份　20 世纪 90 年代

品　　牌　骆驼巷牌
品　　名　骆驼巷特曲
生产厂家　山东省阳谷县骆驼酒厂
产　　地　山东
生产年份　20 世纪 90 年代

品　　牌　武城牌
品　　名　特曲
生产厂家　山东武城酒厂
产　　地　山东
生产年份　20 世纪 80 年代

品　　牌　沽河牌
品　　名　醉仙酒
生产厂家　国营山东莱西酒厂
产　　地　山东
生产年份　20 世纪 90 年代

品　　牌　铜城牌
品　　名　铜城特曲
生产厂家　山东东阿酒厂
产　　地　山东
生产年份　20 世纪 80 年代

品　　牌　水浒牌
品　　名　透瓶香
生产厂家　国营郓城酒厂
产　　地　山东
生产年份　20 世纪 80 年代

品　　牌　团月牌
品　　名　团月酒
生产厂家　山东国营青岛第一酿酒厂
产　　地　山东
生产年份　20 世纪 80 年代

品　　牌　卫河牌
品　　名　卫河五粮液（正面）
生产厂家　山东临清酒厂
产　　地　山东
生产年份　20 世纪 80 年代

品　　牌　卫河牌
品　　名　卫河五粮液（反面）
生产厂家　山东临清酒厂
产　　地　山东
生产年份　20 世纪 80 年代

品　　牌　海阳牌
品　　名　五粮特酿
生产厂家　国营海阳酿酒厂
产　　地　山东
生产年份　20 世纪 80 年代

品　　牌　齐恒公牌
品　　名　宴酒
生产厂家　中国山东索镇酒厂
产　　地　山东
生产年份　20 世纪 80 年代

品　　牌　麻大湖牌
品　　名　燕乐春
生产厂家　国营博兴酒厂
产　　地　山东
生产年份　20 世纪 80 年代

品　　牌　伊尹牌
品　　名　伊尹酒
生产厂家　国营山东省莘县酒厂
产　　地　山东
生产年份　20 世纪 90 年代

品　　牌　蒙山牌
品　　名　沂蒙特曲
生产厂家　山东蒙阴酒厂
产　　地　山东
生产年份　20 世纪 80 年代

品　　牌　禹王亭牌
品　　名　禹城陈酿
生产厂家　国营山东禹城酿酒厂
产　　地　山东
生产年份　20 世纪 80 年代

品　　牌　亘古泉牌
品　　名　玉液
生产厂家　山东郓城酒厂
产　　地　山东
生产年份　20 世纪 80 年代

品　　牌　郓州牌
品　　名　郓州酒
生产厂家　山东郓城县金河酒厂
产　　地　山东
生产年份　20 世纪 90 年代

品　　牌　栖霞牌
品　　名　月酒
生产厂家　山东栖霞酿酒厂
产　　地　山东
生产年份　20 世纪 80 年代

品　　牌　云门牌
品　　名　云门陈酿
生产厂家　国营青州酒厂
产　　地　山东
生产年份　20 世纪 80 年代

品　　牌　珠山牌
品　　名　珠山老窖
生产厂家　中国山东青岛胶南酒厂
产　　地　山东
生产年份　20 世纪 80 年代

河南"老"酒历史都很长

　　河南被认为是酒的故乡，是中国白酒的重要发源地和产地。酒的发明者杜康就来自河南。杜康在多地酿过酒，最确切的是在汝阳县蔡店乡杜康村。杜康村三山环抱，有杜康河流过，水质清澈透亮，为酿酒创造了非常良好的条件。曹操在诗词"何以解忧，唯有杜康"中，肯定了杜康酒。杜康酒是中国的历史名酒，具有"贡酒""仙酒"的美誉，历代的文人墨客都写过很多诗句赞美它。杜康酒清甜甘冽，是河南第一个酒品牌。

　　宝丰酒是中国名酒之一，传说中的仪狄就是在宝丰酿酒的，其历史可以追溯到 4000 多年之前。隋唐时期，宝丰酒被定为贡酒；北宋时期，宋神宗还派专员管理宝丰酒业，因此成为河南三百多家酒业中第二历史悠久的中国名酒。

　　宋河粮液的历史可以追溯春秋时期，在隋唐的时候迎来兴盛时期，唐高祖和唐太宗每年清明祭祀都用它，所以被人们称为"皇王祭酒"。公元 734 年唐玄宗亲自来到了鹿邑，用宋河酒来祭祀老子，宋河酒从此扬名天下。

　　鹿邑大曲是河南的传统名牌酒，鹿邑是老子的出生地，据说老子就是喝下了鹿邑县酿造的白酒后，突然醍醐灌顶顿悟，得道成仙，当时酿造的白酒水源就是现在鹿邑大曲的酿造水源。

　　"古泉酿美酒，皇沟香万家"。皇沟酒的酿造历史可以追溯到春秋时期。皇沟酒是复合香型白酒，具有酱头、浓体、清韵、芝麻味等复合奇香，是"中国驰名商标"。

　　仰韶酒产自仰韶文化的发源地渑池而得名，是中国国家地理环境标志产品，采用优质高粱为主要酿造原料，经过八十一道工艺才完成。仰韶酒属于浓香型白酒，还带有一点特殊的苹果香味。

　　张弓酒最早的历史可以追溯到商朝时期，汉代是最为兴盛的时期。宁陵县处于黄淮流域，是张弓酒的主要酿造原产地，属于淮河水系，土质是偏酸性的黏性土壤，非常适合微生物的生长和繁殖，是酿酒的上好地域。

赊店老酒历史可以追溯到东汉时期。刘秀在南阳一个小镇上的酒馆召集贤能人士，共商起义大事。刘秀抬头一看酒馆外面挂着酒旗，就赊酒旗作为帅旗，最终建立东汉。刘秀册封酒馆为赊旗店，里面的酒就被命名为"赊店老酒"，一直沿用至今。

卧龙玉液是南阳的特色酒之一，南阳的西边有一个风水宝地，人们称它为卧龙岗。诸葛亮住在卧龙岗的时候，经常用卧龙潭里的水宴客。用卧龙潭的泉水酿造的酒就是卧龙玉液，是典型的浓香型白酒，绵甜净爽、回味悠长。

百泉春酒是辉县生产的名酒。辉县北部有非常多的泉眼，人们称这里为"百泉"，著名的泉有珍珠泉和搠立泉。百泉春酒在北宋时期就非常有名了。百泉春酒酿造水源以百泉泉水为主，是酱香型白酒。

河南传统的酒是白酒，河南人还创造了黄酒、乳酒、药酒和葡萄酒等多种酒。民权县是水果之乡，盛产葡萄。河南人利用葡萄酿造了著名的长城牌葡萄酒；河南人还把枸杞、茯苓、何首乌等中草药材浸泡在白酒中，以起到保健养生的作用。

品　　牌　宝丰牌
品　　名　宝丰大曲
生产厂家　国营河南省宝丰酒厂
产　　地　河南
生产年份　1973 年

品　　牌　宝丰牌
品　　名　宝丰大曲
生产厂家　国营河南省宝丰酒厂
产　　地　河南
生产年份　1979 年

品　　牌　宝丰牌
品　　名　宝酒
生产厂家　河南宝丰酒厂
产　　地　河南
生产年份　1996 年

品　　牌　通河牌
品　　名　大别山曲酒
生产厂家　河南信阳酒厂
产　　地　河南
生产年份　1986 年

品　　牌　陈家沟牌
品　　名　陈家沟特曲
生产厂家　河南省古温酒厂
产　　地　河南
生产年份　1996 年

品　　牌　汴州牌
品　　名　汴州特曲
生产厂家　河南省国营杞县酒厂
产　　地　河南
生产年份　1989 年

品　　牌　长桥牌
品　　名　汾酒
生产厂家　河南省社旗县酒厂
产　　地　河南
生产年份　1987 年

品　　牌　杜康牌
品　　名　杜康酒
生产厂家　河南省杜康酒厂
产　　地　河南
生产年份　1979 年

品　　牌　杜康牌
品　　名　杜康酒
生产厂家　河南省杜康酒厂
产　　地　河南
生产年份　1986 年

品　　牌　杜康牌
品　　名　杜康醇
生产厂家　河南省汝阳县杜康酒厂
产　　地　河南
生产年份　1981 年

品　　牌　杜康牌
品　　名　杜康酒
生产厂家　河南伊川杜康酒厂
产　　地　河南
生产年份　1983 年

品　　牌　杜康牌
品　　名　杜康酒
生产厂家　河南省杜康酒厂
产　　地　河南
生产年份　1983 年

品　　牌　杜康牌
品　　名　杜康大曲
生产厂家　河南省伊川县杜康酒厂
产　　地　河南
生产年份　1985 年

品　　牌　杜康牌
品　　名　杜康酒
生产厂家　河南伊川杜康酒厂
产　　地　河南
生产年份　1988 年

品　　牌　杜康牌
品　　名　杜康酒
生产厂家　河南省杜康酒厂
产　　地　河南
生产年份　1990 年

品　　牌　杜康牌
品　　名　杜康酒
生产厂家　河南省伊川县杜康酒厂
产　　地　河南
生产年份　1991 年

品　　牌　万寿塔牌
品　　名　二茅酒
生产厂家　国营延津酿酒厂
产　　地　河南
生产年份　1987 年

品　　牌　武顺牌
品　　名　贡酒
生产厂家　河南武陟玉川酒厂
产　　地　河南
生产年份　1983 年

品　　牌　蟒河牌
品　　名　古城茅酒
生产厂家　河南济源翡城酒厂
产　　地　河南
生产年份　1983 年

品　牌　古寺牌
品　名　古泉特曲
生产厂家　武陟县古寺酒厂
产　地　河南
生产年份　1981 年

品　牌　古寺牌
品　名　古寺特曲
生产厂家　武陟县陶村古寺酒厂
产　地　河南
生产年份　1981 年

品　牌　古寺牌
品　名　贵酒
生产厂家　武陟古寺酒厂
产　地　河南
生产年份　1985 年

品　牌　唐代井牌
品　名　古酒
生产厂家　河南安阳市唐代古井酒厂
产　地　河南
生产年份　1987 年

品　　牌　百泉牌
品　　名　河南茅酒
生产厂家　中国国营辉县酒厂
产　　地　河南
生产年份　1984 年

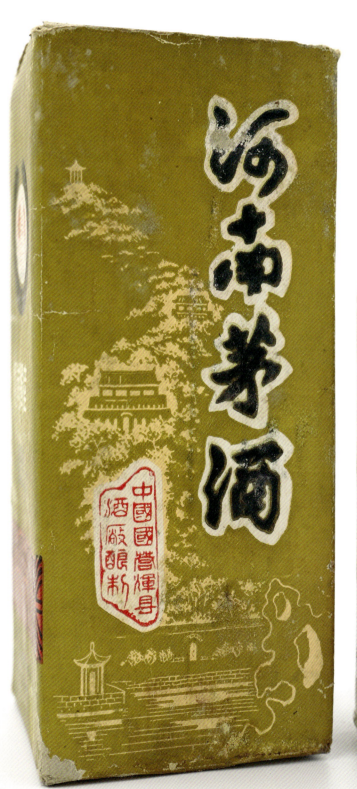

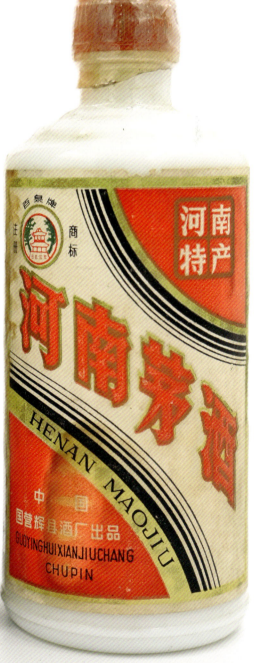

品　　牌　焦作牌
品　　名　焦作琼浆
生产厂家　国营焦作市酒厂
产　　地　河南
生产年份　1986 年

品　　牌　焦作牌
品　　名　焦作特曲
生产厂家　国营河南省焦作市酒厂
产　　地　河南
生产年份　1989 年

品　　牌　鼓楼牌
品　　名　金杞大曲
生产厂家　地方国营河南杞县酒厂
产　　地　河南
生产年份　1975 年

品　　牌　金塔山牌
品　　名　金塔山汾酒
生产厂家　中国温县豫汾酒厂
产　　地　河南
生产年份　1986 年

品　　牌　孟阳牌
品　　名　莲花白酒
生产厂家　河南孟县中原酒厂
产　　地　河南
生产年份　1977 年

品　　牌　维竹牌
品　　名　维竹老窖
生产厂家　河南省焦作市矿泉酒厂
产　　地　河南
生产年份　1990 年

品　　牌	不详
品　　名	陈曲液
生产厂家	武陟东张集酒厂
产　　地	河南
生产年份	1984 年

品　　牌	花木兰牌
品　　名	花木兰贡酒
生产厂家	河南花木兰酒厂
产　　地	河南
生产年份	1993 年

品　　牌	武东牌
品　　名	龙凤酒
生产厂家	中国武东酒厂
产　　地	河南
生产年份	1985 年

品　　牌	淮阳牌
品　　名	淮阳大曲
生产厂家	河南淮阳酒厂
产　　地	河南
生产年份	1979 年

品　　牌	丰棉牌
品　　名	黄河一杯
生产厂家	河南清丰县酒厂
产　　地	河南
生产年份	1989 年

品　　牌	姚花春牌
品　　名	姚花春粮液
生产厂家	国营河南鄢陵姚花春酒厂
产　　地	河南
生产年份	1990 年

品　　牌　宋河牌
品　　名　宋河酒
生产厂家　河南省宋河酒厂
产　　地　河南
生产年份　1988 年

品　　牌　宋河牌
品　　名　宋河粮液
生产厂家　河南省鹿邑酒厂
产　　地　河南
生产年份　1989 年

品　　牌　武东牌
品　　名　古泉特曲
生产厂家　中国白水酒厂
产　　地　河南
生产年份　1986 年

品　　牌　古温牌
品　　名　古温液
生产厂家　河南武陟古寺酒厂
产　　地　河南
生产年份　1985 年

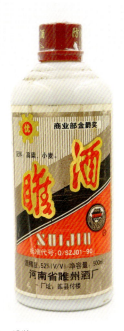

品　　牌　睢牌
品　　名　睢酒
生产厂家　河南省睢州酒厂
产　　地　河南
生产年份　1992 年

品　　牌　太昊牌
品　　名　太昊酒
生产厂家　河南省周口市酿酒总厂
产　　地　河南
生产年份　1990 年

品　　牌　玄牌
品　　名　玄酒
生产厂家　河南省玄酒厂
产　　地　河南
生产年份　1991 年

品　　牌　中泉牌
品　　名　豫南汾酒
生产厂家　中国豫南汾酒厂
产　　地　河南
生产年份　1988 年

品　　牌　古阳牌
品　　名　竹叶青
生产厂家　河南孟县古阳酒厂
产　　地　河南
生产年份　1983 年

品　　牌　仰韶牌
品　　名　仰韶大曲
生产厂家　国营仰韶酒厂
产　　地　河南
生产年份　1986 年

品　　牌　林河牌
品　　名　林河特曲
生产厂家　河南省商丘林河酒厂
产　　地　河南
生产年份　1979 年

品　　牌　林河牌
品　　名　林河大曲
生产厂家　河南省商丘林河酒厂
产　　地　河南
生产年份　1979 年

品　　牌　林河牌
品　　名　林河玉液
生产厂家　河南省商丘林河酒厂
产　　地　河南
生产年份　1979 年

品　　牌　林河牌
品　　名　林河特曲
生产厂家　河南省商丘林河酒厂
产　　地　河南
生产年份　1989 年

品　　牌　沁河牌
品　　名　沁河液
生产厂家　中国武陟酒厂
产　　地　河南
生产年份　1989 年

品　　牌　刘公牌
品　　名　刘公醉
生产厂家　河南周口市酿酒总厂
产　　地　河南
生产年份　1998 年

品　　牌　丘溪牌
品　　名　四井贡酒
生产厂家　河南省沈丘县酿酒厂
产　　地　河南
生产年份　1989 年

品　　牌　沁源牌
品　　名　玉粮液
生产厂家　武陟县沁源春酒厂
产　　地　河南
生产年份　1984 年

品　　牌　松鹤牌
品　　名　玉竹叶酒
生产厂家　河南沁阳玉竹叶酒厂
产　　地　河南
生产年份　1989 年

品　　牌　汉井牌
品　　名　裕泉春
生产厂家　国营方城酒厂
产　　地　河南
生产年份　1981 年

品　　牌　鹿邑牌
品　　名　宋河粮液
生产厂家　河南省鹿邑酒厂
产　　地　河南
生产年份　1979 年

品　　牌　鹿邑
品　　名　鹿邑大曲
生产厂家　河南省鹿邑县曲酒厂
产　　地　河南
生产年份　1979 年

品　　牌　鹿邑
品　　名　鹿邑大曲
生产厂家　河南省宋河酒厂
产　　地　河南
生产年份　1992 年

品　　牌　武士牌
品　　名　茅庐酒
生产厂家　中国河南南召酒厂
产　　地　河南
生产年份　1980 年

品　　牌　梦寥廓牌
品　　名　梦寥廓酒
生产厂家　河南省焦作市矿泉酒厂
产　　地　河南
生产年份　不详

品　　牌　三潭牌
品　　名　三潭特曲
生产厂家　国营河南省镇平县酒厂
产　　地　河南
生产年份　1995 年

品　　牌　沁宗牌
品　　名　女儿红
生产厂家　焦作市武陟沁川酒厂
产　　地　河南
生产年份　1988 年

品　　牌　宋都牌
品　　名　宋都特曲
生产厂家　国营汝州市宋宫酒厂
产　　地　河南
生产年份　1991 年

品　　牌　濮古牌
品　　名　濮古大曲
生产厂家　河南省濮阳市岳古酒厂
产　　地　河南
生产年份　1993 年

品　　牌　赊牌
品　　名　赊酒
生产厂家　河南省社旗县酒厂
产　　地　河南
生产年份　1988 年

品　　牌　仪狄牌
品　　名　仪狄精酿
生产厂家　河南省鹤壁市酒厂
产　　地　河南
生产年份　1991 年

品　　牌　卫北牌
品　　名　优质老窖
生产厂家　辉县卫北酒厂
产　　地　河南
生产年份　1989 年

品　　牌　张弓牌
品　　名　张弓特曲
生产厂家　河南省张弓酒厂
产　　地　河南
生产年份　1979 年

品　　牌　张弓牌
品　　名　张弓特曲
生产厂家　河南宁陵张弓酒厂
产　　地　河南
生产年份　1980 年

品　　牌　张弓牌
品　　名　张弓大曲
生产厂家　中国河南张弓酒厂
产　　地　河南
生产年份　1989 年

品　　牌　子贡牌
品　　名　子贡礼酒
生产厂家　中国河南省浚县酒厂
产　　地　河南
生产年份　1997 年

品　　牌　汉井牌
品　　名　振兴酒
生产厂家　国营方城酒厂
产　　地　河南
生产年份　1988 年

品　　牌　真宫牌
品　　名　真宫老酒
生产厂家　河南省地方国营方城县酒厂
产　　地　河南
生产年份　1988 年

品　　牌　登极牌
品　　名　春茅贡贵酒
生产厂家　河南武陟县矿泉酒厂
产　　地　河南
生产年份　1992 年

湖北白酒有特色

湖北的白酒有好多种，也很有特色。其中的黄鹤楼是以高粱、小麦、玉米、糯米和大米为原料，经窖藏酿造，自然老熟，精心酿制后，才得到色香味风格独特的酒体。窖香浓郁，醇厚绵甜，回味悠长。石花大曲、霸王醉以豌豆、大麦制曲，在地缸发酵，分段取酒，酒体清香味纯，绵甜柔和，余味爽净，被认定为"中国驰名商标"。

湖北有一款保健酒龙头品牌 —— 劲酒，最为国人熟知，是药酒类型。以清香型小曲白酒为基酒，精选地道淮山药、仙茅、当归、肉苁蓉、枸杞、黄芪、淫羊藿、肉桂、丁香等药材酿成。含有多种皂甙类、黄酮类、活性多糖等功能因子，以及多种氨基酸、有机酸和人体所需的微量元素等营养成分，具有抗疲劳、调节免疫的保健功能。"劲牌"商标被认定为中国驰名商标和"中国名牌产品"。

白云边酒在酿造工艺上，把两种香型的生产工艺结合在一起，形成了独特的浓酱兼香型白酒酿造技术。每年九月开始投料，历经三次投料、十轮操作、九次发酵、六轮堆积，酿造周期长达一年。酒体芳香优雅、酱浓协调，绵厚甜爽，圆润怡长，获得中国白酒工业十大竞争力品牌称号。而襄江特曲，以五种粮食为配制原料，用人工土窖发酵，经双轮底发酵，按质摘酒，分缸贮存，再精心勾兑而成。酒液清亮透明，醇香浓郁，入口绵甘爽净，香味协调，回味绵长。西陵特曲集传统酿造工艺和现代技术为一体，形成了独特的浓香酱尾、浓中带酱、酱不露头、浓酱适中、柔绵甘爽、回味悠长的特点。

此外，湖北省还有关公坊、黄山头、稻花香、枝江酒、珍珠液等名酒，有的还被评为"湖北省著名商标"。

品　　牌　长江大桥牌
品　　名　碧绿酒
生产厂家　中国粮油食品进出口公司（湖北）
产　　地　湖北
生产年份　1973 年

品　　牌　白云边牌
品　　名　白云边
生产厂家　湖北省白云边酒厂
产　　地　湖北
生产年份　1988 年

品　　牌　醉仙牌
品　　名　百寿特曲
生产厂家　湖北省监利县酒厂
产　　地　湖北
生产年份　1986 年

品　　牌　广华牌
品　　名　广华香酒
生产厂家　湖北省沙洋农场
产　　地　湖北
生产年份　1982 年

品　　牌　白兰地牌
品　　名　白兰地酒
生产厂家　湖北省应城市饮料酒厂
产　　地　湖北
生产年份　1988 年

品　　牌　黄梅牌
品　　名　纯白露酒
生产厂家　湖北省黄梅县酒厂
产　　地　湖北
生产年份　1978 年

品　　牌　黄鹤楼牌
品　　名　黄鹤楼
生产厂家　武汉酒厂
产　　地　湖北
生产年份　1977 年

品　　牌	楚都牌
品　　名	纯粮酒
生产厂家	中国荆州江北总酒厂
产　　地	湖北
生产年份	2014 年

品　　牌	挹江亭牌
品　　名	大曲酒
生产厂家	湖北黄石市饮料厂
产　　地	湖北
生产年份	1983 年

品　　牌	园林青牌
品　　名	鄂酒特曲
生产厂家	湖北省园林青酒厂
产　　地	湖北
生产年份	1986 年

品　　牌	绿杨桥牌
品　　名	封缸酒
生产厂家	湖北省国营浠水县酒厂
产　　地	湖北
生产年份	1995 年

品　　牌	皇宫牌
品　　名	芙蓉玉液
生产厂家	湖北大冶御品酒厂
产　　地	湖北
生产年份	1989 年

品　　牌	曾都牌
品　　名	高粱酒
生产厂家	湖北省随州市曾都酒厂
产　　地	湖北
生产年份	1983 年

品　　牌　黄山牌
品　　名　黄山大曲
生产厂家　湖北省公安县曲酒厂
产　　地　湖北
生产年份　1979 年

品　　牌　黄山头牌
品　　名　黄山头窖酒
生产厂家　湖北省藕池曲酒厂
产　　地　湖北
生产年份　1997 年

品　　牌　黄山头牌
品　　名　黄山头玉液酒
生产厂家　湖北省藕池曲酒厂
产　　地　湖北
生产年份　1995 年

品　　牌　黄鹤楼牌
品　　名　回笼酒
生产厂家　武汉酒厂
产　　地　湖北
生产年份　1979 年

品　　牌　黄鹤楼牌
品　　名　黄鹤楼玉液
生产厂家　武汉酒厂
产　　地　湖北
生产年份　1994 年

品　　牌　建始牌
品　　名　建始大曲
生产厂家　湖北上建始县酒厂
产　　地　湖北
生产年份　1979 年

品　　牌　井牌
品　　名　井酒
生产厂家　武汉市武昌酒厂
产　　地　湖北
生产年份　1991 年

品　　牌　印台牌
品　　名　九龙特曲
生产厂家　湖北省应山县印台曲酒厂
产　　地　湖北
生产年份　1988 年

品　　牌　孔明泉牌
品　　名　孔明泉
生产厂家　湖北省园林青酒厂
产　　地　湖北
生产年份　1987 年

品　　牌　白泉桥牌
品　　名　礼品酒
生产厂家　湖北省崇阳县酿酒厂
产　　地　湖北
生产年份　1995 年

品　　牌　黄金港牌
品　　名　龙米御液
生产厂家　湖北省荆门市黄金港酿酒厂
产　　地　湖北
生产年份　1989 年

品　　牌　隆中牌
品　　名　隆中液
生产厂家　中国湖北襄樊市酒厂
产　　地　湖北
生产年份　1987 年

品　　牌　虎威牌
品　　名　年年乐特曲
生产厂家　湖北省公安县虎西曲酒厂
产　　地　湖北
生产年份　1983 年

品　　牌　藕池牌
品　　名　藕池大曲
生产厂家　中国湖北公安曲酒厂
产　　地　湖北
生产年份　1988 年

品　　牌　虎桥牌
品　　名　红粮液
生产厂家　湖北江陵县曲酒厂
产　　地　湖北
生产年份　1993 年

品　　牌　绣林牌
品　　名　七粮泉
生产厂家　中国湖北石首绣林玉液酒厂
产　　地　湖北
生产年份　1973 年

品　　牌　三顾茅庐牌
品　　名　三顾茅庐酒
生产厂家　湖北省襄樊市酒厂
产　　地　湖北
生产年份　1987 年

品　　牌　剑潭牌
品　　名　剑潭春酒
生产厂家　中国湖北枣阳市酒厂
产　　地　湖北
生产年份　1995 年

品　牌	石花牌
品　名	石花大曲
生产厂家	湖北省谷城石花酒厂
产　地	湖北
生产年份	1983 年

品　牌	石花牌
品　名	石花大曲
生产厂家	湖北省谷城石花酒厂
产　地	湖北
生产年份	1976 年

品　牌	石花牌
品　名	石花特曲
生产厂家	国湖北谷城县石花酒厂
产　地	湖北
生产年份	1986 年

品　牌	水镜庄牌
品　名	水镜庄酒
生产厂家	湖北省南漳县酿酒工业总公司
产　地	湖北
生产年份	1995 年

品　牌	红粮牌
品　名	松江大曲
生产厂家	湖北省松滋县酒厂
产　地	湖北
生产年份	1979 年

品　牌	随州牌
品　名	随州老窖
生产厂家	湖北省随州市国营酒厂
产　地	湖北
生产年份	1988 年

品　　牌　白云山牌
品　　名　五粮御酒
生产厂家　湖北随州市第一酒厂
产　　地　湖北
生产年份　1985 年

品　　牌　武当牌
品　　名　武当酒大曲
生产厂家　湖北省丹江口市武当酿酒总厂
产　　地　湖北
生产年份　1996 年

品　　牌　武当牌
品　　名　武当大曲
生产厂家　湖北省丹江口市武当山酒厂
产　　地　湖北
生产年份　1989 年

品　　牌　西陵梅牌
品　　名　西陵梅酒
生产厂家　湖北省宜昌果酒厂
产　　地　湖北
生产年份　1997 年

品　　牌　西陵峡牌
品　　名　西陵特曲
生产厂家　湖北宜昌七一酒厂
产　　地　湖北
生产年份　1981 年

品　　牌	西陵牌	品　　牌	西陵牌
品　　名	西陵粮液	品　　名	西陵酒
生产厂家	湖北省宜昌市酒厂	生产厂家	湖北省宜昌市酒厂
产　　地	湖北	产　　地	湖北
生产年份	1997 年	生产年份	1991 年

品　　牌	西陵峡牌
品　　名	西陵曲酒
生产厂家	湖北宜昌七一酒厂
产　　地	湖北
生产年份	1979 年

品　　牌	西陵梅牌
品　　名	宜昌特曲
生产厂家	国营湖北宜昌果酒厂
产　　地	湖北
生产年份	1987 年

品　　牌	西岭梅牌
品　　名	西岭梅特酒
生产厂家	国营湖北宜昌果酒厂
产　　地	湖北
生产年份	1988 年

品　　牌　襄樊牌
品　　名　襄樊大曲
生产厂家　湖北襄樊市酒厂
产　　地　湖北
生产年份　1976 年

品　　牌　襄樊牌
品　　名　襄樊特曲
生产厂家　湖北襄樊市酒厂
产　　地　湖北
生产年份　1979 年

品　　牌　襄樊牌
品　　名　襄樊特曲
生产厂家　湖北襄樊市酒厂
产　　地　湖北
生产年份　1979 年

品　　牌　襄江牌
品　　名　襄江大曲
生产厂家　湖北省襄樊市酿酒厂
产　　地　湖北
生产年份　1994 年

品　　牌　枝江牌
品　　名　枝江小曲
生产厂家　湖北枝江县酒厂
产　　地　湖北
生产年份　1979 年

品　　牌　绣林牌
品　　名　绣林玉液
生产厂家　中国湖北石首曲酒厂
产　　地　湖北
生产年份　1985 年

品　　牌　熊公牌
品　　名　熊公酒
生产厂家　湖北武汉市武昌酒厂
产　　地　湖北
生产年份　1995 年

品　　牌　龟山牌
品　　名　邀明月
生产厂家　中国湖北麻城市酿酒厂
产　　地　湖北
生产年份　1986 年

品　　牌　挹江亭牌
品　　名　挹江亭特曲
生产厂家　湖北黄石市饮料厂
产　　地　湖北
生产年份　1983 年

品　　牌　河溶牌
品　　名　玉泉山庄酒
生产厂家　湖北省当阳县国营河溶酒厂
产　　地　湖北
生产年份　1983 年

品　　牌　园林青牌
品　　名　园林特曲
生产厂家　中国湖北省园林青酒厂
产　　地　湖北
生产年份　1980 年

品　　牌　园林青牌
品　　名　园林青
生产厂家　中国湖北省园林青酒厂
产　　地　湖北
生产年份　1987 年

品　　牌　楚魂牌
品　　名　玉液酒
生产厂家　湖北省广华酒厂
产　　地　湖北
生产年份　1991 年

品　　牌　碧山牌
品　　名　涢酒
生产厂家　湖北省安陆酒厂
产　　地　湖北
生产年份　20 世纪 80 年代

品　　牌　郧阳牌
品　　名　郧阳老窖
生产厂家　湖北省龙口市汉江酿酒厂
产　　地　湖北
生产年份　1993 年

品　　牌　碧山牌
品　　名　浈酒
生产厂家　湖北安陆县商业局酒厂
产　　地　湖北
生产年份　1977 年

品　　牌　枝江牌
品　　名　枝江小曲
生产厂家　湖北枝江县酒厂
产　　地　湖北
生产年份　1983 年

品　　牌　枝江牌
品　　名　枝江小曲
生产厂家　湖北枝江县酒厂
产　　地　湖北
生产年份　1988 年

品　　牌　枝江牌
品　　名　枝江大曲
生产厂家　湖北枝江酒厂
产　　地　湖北
生产年份　1989 年

品　　牌　珍珠液牌
品　　名　珍珠液
生产厂家　中国湖北国营南漳酒厂
产　　地　湖北
生产年份　1992 年

品　　牌　珍珠液牌
品　　名　珍珠液白酒
生产厂家　湖北南漳县酿酒总厂
产　　地　湖北
生产年份　1993 年

湖南的湘酒文化

　　毛泽东主席曾写过一首"菩萨蛮"词，其中"把酒酹滔滔，心潮逐浪高"句，为湖南的湘酒文化，画上了厚重的一笔。白沙液是兼香型白酒，作为湖南省名酒，是唯一经毛泽东主席命名的白酒。采用高粱、小麦、糯米、白沙古井之水为原料，用传统工艺生产的酒，经窖藏熟化，勾兑而成。酒体入口既有稻谷微甜之感，又有酒精灼热之觉，下喉甘美醇和，饮后口有余香，经久不息。

　　湖南是红色文化之乡，酒文化历史也十分悠久。湖南的白酒，不论是选材和酿酒工艺，还是酒瓶造型、酒的命名，都很有特色。酒鬼酒是中国白酒十二大香型中的馥郁香型代表，且是独创香型，兼有浓香、清香和酱香三大白酒基本香型的特征，一口三香，前浓、中清、后酱。采用高粱、大米、糯米、小麦和玉米为原料，酒体色泽透明、诸香馥郁、入口绵甜圆润、醇厚丰满、香味协调、回味爽净悠长。黄永玉为酒鬼酒瓶设计了包装并题写了酒名，曾获法国波尔多世界酒类博览会、比利时布鲁塞尔世界酒类博览会的金奖，还曾荣获"中国十大文化名酒"等称号。湘泉酒是酒鬼酒股份有限公司的湘泉牌系列酒。

　　湖南省还有不少白酒品牌，其中武陵酒是酱香型白酒，使用酱香酒传统生产工艺。酒液色泽微黄，酱香突出，幽雅细腻，口味醇厚而清冽，是湖南省名酒。浏阳河小曲是米香型白酒，以传统烧酒工艺为基础精心酿制而成，酒体浓厚，回味怡畅，获得普遍赞誉，被评为国家名牌产品。邵阳大曲是浓香型白酒，具有窖香浓郁、绵甜爽净、余味悠长的独特风格，被评为湖南省著名商标。张家界酒精选高山生态粮及深山活氧山泉水为酿造材料，贮存陶坛后窖藏，酒体入口甘美，入喉净爽，酒香醇厚，回味悠长。八百里酒继承古遗之法，融合现代酿酒技术于一体，双轮发酵，窖香浓郁，入口绵甜，后味爽净，余味悠长。

值得一提的是土家人酒，是以精选的玉米、大米等为原材料，依据土家人的传统酿酒秘方，结合现代工艺，潜心酿造而成的。

品　　牌　回雁峰牌
品　　名　回雁峰大曲
生产厂家　湖南衡阳回雁峰酒厂出品
产　　地　湖南
生产年份　1977 年

品　　牌　回雁峰牌
品　　名　回雁峰大曲
生产厂家　湖南省衡阳市回雁峰酒厂
产　　地　湖南
生产年份　1987 年

品　　牌　白石牌
品　　名　白石液
生产厂家　中国湖南株洲市酿酒厂
产　　地　湖南
生产年份　1985 年

品　　牌　罗城牌
品　　名　罗城曲酒
生产厂家　湖南省湘阴酒厂
产　　地　湖南
生产年份　1979 年

品　　牌　白沙牌
品　　名　白沙大曲
生产厂家　中国长沙酒厂
产　　地　湖南
生产年份　1999 年

品　　牌　白沙牌
品　　名　白沙大曲
生产厂家　中国长沙酒厂
产　　地　湖南
生产年份　1993 年

品　　牌　白沙牌
品　　名　白沙液
生产厂家　湖南金狮啤酒有限公司
产　　地　湖南
生产年份　1998 年

品　　牌　常德牌
品　　名　常德大曲
生产厂家　湖南常德市德山大曲酒厂
产　　地　湖南
生产年份　1993 年

品　　牌　沅水大桥牌
品　　名　常德老窖
生产厂家　湖南省常德市酿酒工业公司
产　　地　湖南
生产年份　1983 年

品　　牌　祝丰牌
品　　名　大中华特曲
生产厂家　湖南常德酒厂
产　　地　湖南
生产年份　1985 年

品　　牌　德湖牌
品　　名　德湖大曲
生产厂家　常德市德湖曲酒厂
产　　地　湖南
生产年份　1994 年

品　　牌　德山牌
品　　名　德山大曲
生产厂家　湖南常德市德山大曲酒厂
产　　地　湖南
生产年份　1988 年

品　　牌　德山牌
品　　名　德山大曲
生产厂家　湖南常德市德山大曲酒厂
产　　地　湖南
生产年份　1988 年

品　　牌　湘江牌
品　　名　花明楼曲酒
生产厂家　湖南省国营宁乡酒厂
产　　地　湖南
生产年份　1982 年

品　　牌　南湖春牌
品　　名　洞庭特酿
生产厂家　湖南省国营汉寿酒厂
产　　地　湖南
生产年份　1986 年

品　　牌　白龙井牌
品　　名　白龙井酒
生产厂家　湖南常德市武陵酒厂
产　　地　湖南
生产年份　1988 年

品　　牌　琼湖牌
品　　名　佳酒
生产厂家　湖南沅江酒厂
产　　地　湖南
生产年份　1983 年

品　　牌　白沙古井牌
品　　名　古井酒
生产厂家　湖南长沙酒厂
产　　地　湖南
生产年份　1987 年

品　　牌　麓山牌
品　　名　麓山小曲
生产厂家　湖南长沙酒厂
产　　地　湖南
生产年份　1978 年

品　　牌　浏阳河牌
品　　名　浏阳河小曲
生产厂家　湖南浏阳酒厂
产　　地　湖南
生产年份　1977 年

品　　牌　浏阳河牌
品　　名　浏阳河小曲
生产厂家　湖南浏阳酒厂
产　　地　湖南
生产年份　1982 年

品　　牌　浏阳河牌
品　　名　浏阳河小曲
生产厂家　湖南浏阳县酒厂
产　　地　湖南
生产年份　1988 年

品　　牌　花明楼牌
品　　名　花明楼曲酒
生产厂家　湖南省国营宁乡酒厂
产　　地　湖南
生产年份　1978 年

品　　牌　花明楼牌
品　　名　花明楼酒
生产厂家　湖南白沙酿酒集团公司宁乡酒厂
产　　地　湖南
生产年份　1999 年

品　　牌　吕仙牌
品　　名　吕仙醉酒
生产厂家　岳阳市酿酒总厂
产　　地　湖南
生产年份　1987 年

品　　牌　三醉亭牌
品　　名　干杯少
生产厂家　湖南省岳阳市酿酒总厂
产　　地　湖南
生产年份　1988 年

品　　牌　关山牌
品　　名　钱粮湖头曲酒
生产厂家　湖南省国营钱粮湖酒厂
产　　地　湖南
生产年份　1977 年

品　　牌　齐握手牌
品　　名　齐握手特曲
生产厂家　长沙齐握手酒业有限公司
产　　地　湖南
生产年份　1991 年

品　　牌　湘南牌
品　　名　少林武功酒
生产厂家　湖南省湘南酒厂
产　　地　湖南
生产年份　1989 年

品　　牌　石佛牌
品　　名　石佛泉酒
生产厂家　中国湖南国营华容酒厂
产　　地　湖南
生产年份　1981 年

品　　牌　外公牌
品　　名　外公酒
生产厂家　长沙泰丰酒厂
产　　地　湖南
生产年份　1996 年

品　　牌　武陵牌
品　　名　武陵酒
生产厂家　中国湖南常德市武陵酒厂
产　　地　湖南
生产年份　1998 年

品　　牌　武陵牌
品　　名　武陵酒
生产厂家　中国湖南常德市武陵酒厂
产　　地　湖南
生产年份　1991 年

品　　牌　武陵牌
品　　名　武陵酒
生产厂家　中国湖南常德市武陵酒厂
产　　地　湖南
生产年份　1991 年

品　　牌　乌龙山牌
品　　名　乌龙山酒
生产厂家　湖南乌龙山酿酒厂
产　　地　湖南
生产年份　1998 年

品　　牌　马王堆牌
品　　名　西汉古酒
生产厂家　湖南马王堆制药厂
产　　地　湖南
生产年份　1999 年

品　　牌　武泉牌
品　　名　武泉酒
生产厂家　湖南国营常德市酿酒一厂
产　　地　湖南
生产年份　1989 年

品　　牌　不详
品　　名　中国湘莲酒
生产厂家　中国湖南国营华容酒厂
产　　地　湖南
生产年份　1982 年

品　　牌　湘泉牌
品　　名　湘泉酒
生产厂家　中国湖南湘泉集团有限公司
产　　地　湖南
生产年份　1997 年

品　　牌　湘泉牌
品　　名　湘泉酒
生产厂家　中国湖南湘西湘泉酒总厂
产　　地　湖南
生产年份　2013 年

品　　牌　芙蓉牌
品　　名　雪峰蜜橘酒
生产厂家　中国粮油食品进出口公司
　　　　　湖南分公司
产　　地　湖南
生产年份　1991 年

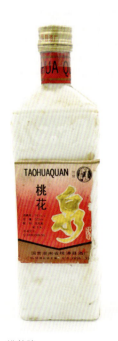

品　　牌　桃花牌
品　　名　桃花泉酒
生产厂家　国营湖南省桃源县酒厂
产　　地　湖南
生产年份　1993 年

品　　牌　金盆牌
品　　名　中国稻香酒
生产厂家　湖南省国营金盆农场南京湖酒厂
产　　地　湖南
生产年份　1988 年

品　　牌　酒鬼酒牌
品　　名　玉金湘酒
生产厂家　湖南酒鬼酒股份有限公司
产　　地　湖南
生产年份　2014 年

广东的岭南酒文化

　　虽然广东人的酒量一般都不大，但广东的白酒，还是具有岭南酒文化特点的。广东人在一起喝酒，都是量力而行，讲究实事求是的。

　　广东的酒，尽管各个地区的酿酒工艺略有不同，原料基本上都以大米为主。玉冰烧是豉香型白酒的典型代表，采用中国酿酒最特殊的工艺，使用肥猪肉酿造。选用优质大米，采用传统工艺酿制成米香型白酒，再放入陈年肥肉缸里浸酿，所用肥肉需经加工及贮存处理，肉、酒比例合理，浸肉时间达数十天，再经澄清、勾兑等工序酿成。酒体玉洁冰清，滋味醇和，醇香甘冽。由于肥猪肉能吸附杂质，与酒液融合，会形成独特的豉香，醇化酒体，得到与众不同的香型白酒。玉冰烧酒获奖无数，是广东还在原址生产的中华老字号，以善酿纯正粮食酒饮誉中外。

　　石湾米酒秉承了"陈太吉老酒庄"传统独特的酿造工艺，以 100% 精选大米为原料，以优质肥肉在陈年酒埕中长期浸酿，再以陶制酒缸贮存，酒体具有玉洁冰清、豉味独特、醇和细腻、余味甘爽等特点。石湾牌系列米酒是广东省唯一获得国家银质奖称号的米酒产品，也是广东省著名商标。飞霞液酒被誉为有地方特点的"广东茅台酒"。

　　长乐烧是米香型白酒，选用优质高粱和穿石而出的甘泉，采用现代技术精工勾兑而成。酒体清澈透明、窖香馥郁、蜜香幽雅、醇厚绵柔、回味悠长，素有"南粤佳酿"美称，被赞誉为"客家人的仙酒"。

　　顺德红米酒精选优质赤米和大米为原料，采用边糖化边发酵的生产工艺，在陶缸或不锈钢罐内进行发酵，再利用釜式蒸馏甑提纯得到米酒。酒体清亮透明、米香优雅、纯正、绵甜、爽净、回味怡畅，故当地人将以此法酿造的米酒叫顺德红米酒，顺德也成为广府红米酒的发源地之一。

九江双蒸酒始创于清朝道光初年，主要以大米为原料，用大米、黄豆制成酒曲,得到的酒体玉洁冰清、豉香纯正、醇滑绵甜、余味甘爽。九江双蒸酒还入选"非物质文化遗产"名录。

品　　牌　伞花牌
品　　名　白雲老窖
生产厂家　广州军区 39231 部队酒厂
产　　地　广东
生产年份　20 世纪 80 年代

品　　牌　羊城牌
品　　名　百岁酒
生产厂家　广州联合制药厂
产　　地　广东
生产年份　20 世纪 80 年代

品　　牌　羊城牌
品　　名　陈年米酒
生产厂家　中国广东土产进出口公司
产　　地　广东
生产年份　20 世纪 80 年代

品　　牌　开元牌
品　　名　开元酒
生产厂家　中国凤山酒厂
产　　地　广东
生产年份　20 世纪 80 年代

品　　牌　潮汕牌
品　　名　潮汕酒
生产厂家　广东潮州意溪潮汕酒厂
产　　地　广东
生产年份　20 世纪 90 年代

品　　牌　珠江桥牌
品　　名　梅江酒
生产厂家　广东省粮油食品进出口公司
产　　地　广东
生产年份　20 世纪 90 年代

品　　牌　珠江桥牌
品　　名　荔枝酒
生产厂家　广东中国粮油食品进出口公司
产　　地　广东
生产年份　20 世纪 70 年代

品　　牌	登云塔牌
品　　名	纯粮老窖
生产厂家	广东省湛江市国营徐闻酒厂
产　　地	广东
生产年份	20 世纪 80 年代

品　　牌	登云塔牌
品　　名	粮曲酒
生产厂家	广东徐闻酒厂
产　　地	广东
生产年份	20 世纪 80 年代

品　　牌	登云塔牌
品　　名	曲香酒
生产厂家	广东徐闻酒厂
产　　地	广东
生产年份	20 世纪 80 年代

品　　牌	春华牌
品　　名	稻香春
生产厂家	广东阳春县酿酒厂
产　　地	广东
生产年份	20 世纪 80 年代

品　　牌	欣喜牌
品　　名	地窖老曲
生产厂家	广东湛江市湛糖酒厂
产　　地	广东
生产年份	20 世纪 80 年代

品　　牌	红荔牌
品　　名	凤城液
生产厂家	广东顺德酒厂
产　　地	广东
生产年份	20 世纪 80 年代

品　　牌　泷江牌
品　　名　凤凰二曲
生产厂家　广东罗定酒厂
产　　地　广东
生产年份　20 世纪 80 年代

品　　牌　凤泉牌
品　　名　凤泉二曲酒
生产厂家　广东化州县凤泉酒厂
产　　地　广东
生产年份　20 世纪 70 年代

品　　牌　红荔牌
品　　名　金龙曲酒
生产厂家　广东顺德酒厂
产　　地　广东
生产年份　20 世纪 80 年代

品　　牌　广泉牌
品　　名　广泉二曲
生产厂家　广东省国营前进酿酒厂
产　　地　广东
生产年份　20 世纪 80 年代

品　　牌　广泉牌
品　　名　中华老窖
生产厂家　广东国营前进酿酒厂
产　　地　广东
生产年份　20 世纪 80 年代

品　　牌　广泉牌
品　　名　广泉二曲
生产厂家　广东省国营前进酿酒厂
产　　地　广东
生产年份　20 世纪 90 年代

品　　牌　白腾湖牌
品　　名　金仙曲
生产厂家　广东斗门县酒厂
产　　地　广东
生产年份　20 世纪 80 年代

品　　牌　淦江牌
品　　名　醇香白酒
生产厂家　广东高州酒厂
产　　地　广东
生产年份　20 世纪 80 年代

品　　牌　宝昌牌
品　　名　宝山茅台酒
生产厂家　中国宝山茅台酒厂
产　　地　广东
生产年份　20 世纪 80 年代

品　　牌　客家牌
品　　名　磊花醉
生产厂家　广东客家酿酒总公司
产　　地　广东
生产年份　21 世纪初

品　　牌　梅鹿牌
品　　名　梅鹿春
生产厂家　广东吴川酒厂
产　　地　广东
生产年份　20 世纪 80 年代

品　　牌　梅鹿牌
品　　名　梅鹿液
生产厂家　广东吴川酒厂
产　　地　广东
生产年份　20 世纪 80 年代

品　　牌　军民堤牌
品　　名　米香曲酒
生产厂家　广州军区赤坎生产基地
产　　地　广东
生产年份　20 世纪 80 年代

品　　牌　团结牌
品　　名　狮泉玉液
生产厂家　广东澄海酒厂
产　　地　广东
生产年份　20 世纪 80 年代

品　　牌　伞泉醪牌
品　　名　蓬江二曲
生产厂家　广东江门酒厂
产　　地　广东
生产年份　20 世纪 80 年代

品　　牌　伞温泉牌
品　　名　三花酒
生产厂家　广州从化酒厂
产　　地　广东
生产年份　20 世纪 90 年代

品　　牌　沅江牌
品　　名　三花酒
生产厂家　广东省罗定酒厂
产　　地　广东
生产年份　20 世纪 70 年代

品　　牌　宝岭牌
品　　名　五粮特曲
生产厂家　国营化州凤泉酒厂
产　　地　广东
生产年份　20 世纪 80 年代

品　　牌　宝岭牌
品　　名　五粮特液
生产厂家　国营化州县凤泉酒厂
产　　地　广东
生产年份　20 世纪 80 年代

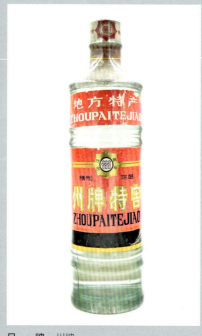

品　　牌　州牌
品　　名　州牌特曲
生产厂家　广东省湛江市官渡酒厂
产　　地　广东
生产年份　20 世纪 80 年代

品　　牌　赤春牌
品　　名　五粮特液
生产厂家　广东湛江市郊春酒厂
产　　地　广东
生产年份　20 世纪 80 年代

品　　牌　杜花牌
品　　名　双凤酒
生产厂家　广东省中山酒厂
产　　地　广东
生产年份　20 世纪 70 年代

品　　牌　红荔牌
品　　名　顺德二曲
生产厂家　广东顺德酒厂
产　　地　广东
生产年份　20 世纪 80 年代

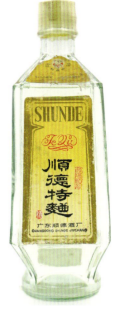

品　　牌　红荔牌
品　　名　顺德特曲
生产厂家　广东顺德酒厂
产　　地　广东
生产年份　20 世纪 80 年代

品　　牌　天河牌
品　　名　遂溪大曲酒
生产厂家　广东遂溪联合厂
产　　地　广东
生产年份　20 世纪 70 年代

品　　牌　泰山牌
品　　名　泰山老窖陈酿
生产厂家　湛江市龙头酒厂
产　　地　广东
生产年份　20 世纪 80 年代

品　　牌　万福牌
品　　名　万福特液
生产厂家　国营广东省石滩酒厂
产　　地　广东
生产年份　20 世纪 80 年代

品　　牌　狮子牌
品　　名　长乐烧
生产厂家　广东五华长乐烧酒厂
产　　地　广东
生产年份　20 世纪 80 年代

品　　牌　荼薇牌
品　　名　中山二曲酒
生产厂家　广东省中山市酒厂
产　　地　广东
生产年份　20 世纪 90 年代

品　　牌　羚羊峡牌
品　　名　肇庆米酒
生产厂家　肇庆市西江酿酒厂
产　　地　广东
生产年份　20 世纪 90 年代

品　　牌　长乐牌
品　　名　长乐烧
生产厂家　广东长乐烧酒业有限公司
产　　地　广东
生产年份　20 世纪 90 年代

品　　牌　长乐牌
品　　名　长乐烧
生产厂家　广东省五华县长乐烧酒厂
产　　地　广东
生产年份　20 世纪 80 年代

品　　牌　荼薇牌
品　　名　中山曲酒
生产厂家　广东省中山市酒厂
产　　地　广东
生产年份　20 世纪 70 年代

品　　牌　长力牌
品　　名　纯粮曲酒
生产厂家　广东湛江乾塘酒厂
产　　地　广东
生产年份　20 世纪 80 年代

品　　牌　珠江桥牌
品　　名　玉冰烧
生产厂家　广东佛山石湾酒厂
产　　地　广东
生产年份　20 世纪 80 年代

品　　牌　珠江桥牌
品　　名　兰姆酒
生产厂家　广州中国粮油食品进出口公司
产　　地　广东
生产年份　20 世纪 70 年代

以米酒为主的广西白酒

　　广西白酒以米酒为主，酒的原料主要是优质大米，和其他省明显不一样。广西都有哪些白酒品牌呢？

　　桂林三花酒，被誉为米酒之王，是中国米香型白酒的代表。桂林三花酒古时被称作"瑞露"，具有酒质清澄透明，酒味醇厚芳香，蜜香清雅、入口柔绵，落口爽冽，饮后回甜等特点。天龙泉白酒采用优质糯米、大米为原料，糅合其他优质酒工艺之精华，精心酿造、陶缸陈酿而成。具有蜜香优雅、绵甜、爽净，回味怡畅等特点。湘山酒秉承一千多年的米酒酿造经验，并糅合现代工艺酿造而成。酒色晶莹、蜜香清雅而芬芳，入口绵甜柔顺，回味怡畅。

　　广西还有利用动植物制成的酒，具有一定的保健作用。如东园家酒选用三十多种动植物药材，以小蒸纯米酒长时间浸泡后科学精制而成。具有酒度低、口感好、饮后不上头的特点。神蜉酒是以大黑蚂蚁为原料酿造而成的养生酒，具有补肾壮阳、护发、强身健体的功效，还能提高人体的免疫功能，对风湿病人有很好的缓解功效。

　　蛤蚧酒是用广西特产蛤蚧为主要原料泡制成的药酒，酒色碧绿，酒味香醇，有滋补壮身的疗效。蛤蚧酒是广西动物酒之一，生产距今已有 300 多年的历史。三蛇酒是由金环蛇、眼镜蛇和草花蛇配中药制成的药酒，酒味醇香可口，可以驱风、活络、行血、祛湿，蜚声中外。

品　　牌　秦堤牌
品　　名　溶江三花酒
生产厂家　广西兴安大溶江酒厂
产　　地　广西
生产年份　20世纪70年代

品　　牌　桂林牌
品　　名　桂林三花酒
生产厂家　广西桂林三花股份有限公司
产　　地　广西
生产年份　20 世纪 90 年代

品　　牌　桂林牌
品　　名　桂林三花酒
生产厂家　广西桂林市酿酒总厂
产　　地　广西
生产年份　20 世纪 90 年代

品　　牌　桂林牌
品　　名　桂林三花酒
生产厂家　广西桂林三花股份有限公司
产　　地　广西
生产年份　20 世纪 90 年代

品　　牌　秦堤牌
品　　名　溶江三花酒
生产厂家　广西兴安大溶江酒厂
产　　地　广西
生产年份　20 世纪 70 年代

品　　牌　西山牌
品　　名　乳泉酒
生产厂家　广西桂平县酒厂
产　　地　广西
生产年份　20 世纪 80 年代

品　　牌　象山牌	品　　牌　象山牌	品　　牌　象山牌
品　　名　广西米酒	品　　名　桂林三花酒	品　　名　桂林三花酒
生产厂家　广西中粮食品进出口公司监制	生产厂家　广西中国粮油食品进出口公司	生产厂家　广西桂林饮料厂出品
产　　地　广西	产　　地　广西	产　　地　广西
生产年份　20 世纪 80 年代	生产年份　20 世纪 80 年代	生产年份　20 世纪 80 年代

品　　牌　溶江牌	品　　牌　云渠牌	品　　牌　尹岭岩牌
品　　名　溶江三花酒	品　　名　溶江三花酒	品　　名　董泉特酿
生产厂家　广西兴安大溶江酒厂	生产厂家　广西兴安大溶江酒厂出品	生产厂家　广西军区酒厂
产　　地　广西	产　　地　广西	产　　地　广西
生产年份　20 世纪 80 年代	生产年份　20 世纪 80 年代	生产年份　20 世纪 90 年代

品　　牌　金田牌
品　　名　乳泉大曲
生产厂家　广西桂平乳泉酒厂出品
产　　地　广西
生产年份　20 世纪 80 年代

品　　牌　芦笛岩牌
品　　名　一品三花窖酒
生产厂家　桂林灵川江东酒厂
产　　地　广西
生产年份　21 世纪 10 年代

品　　牌　茅桥牌
品　　名　五粮特曲
生产厂家　广西龙湾酒厂（53010 部队）
产　　地　广西
生产年份　20 世纪 90 年代

品　　牌　桂峰牌
品　　名　罗汉果红米酒
生产厂家　中国广西梧州市龙山酒厂
产　　地　广西
生产年份　20 世纪 80 年代

品　　牌　南流牌
品　　名　博江酒
生产厂家　广西博白粮业烟酒公司
产　　地　广西
生产年份　20 世纪 70 年代

品　　牌　湘山牌
品　　名　青酒
生产厂家　广西全州湘山酒厂
产　　地　广西
生产年份　20 世纪 70 年代

品　　牌　湘山牌
品　　名　湘山酒
生产厂家　国营广西全州湘山酒厂
产　　地　广西
生产年份　20 世纪 70 年代

品　　牌　湘山牌
品　　名　湘山酒
生产厂家　广西全州湘山酒厂出品
产　　地　广西
生产年份　20 世纪 80 年代

品　　牌　湘山牌
品　　名　湘山酒
生产厂家　国营广西全州湘山酒厂
产　　地　广西
生产年份　20 世纪 80 年代

品　　牌　穿山岩牌
品　　名　洞藏三花酒
生产厂家　桂林市穿山岩酒窖酒业有限公司
产　　地　广西
生产年份　21 世纪 20 年代

品　　牌　丹泉牌
品　　名　丹泉酒
生产厂家　广西丹泉酒业有限公司
产　　地　广西
生产年份　21 世纪初

品　　牌　东山牌
品　　名　菠萝烧酒
生产厂家　广西国营九曲湾农场酒厂
产　　地　广西
生产年份　20 世纪 80 年代

品　　牌　古炮牌
品　　名　富万年
生产厂家　中国人民解放军广西军区
产　　地　广西
生产年份　20 世纪 80 年代

品　　牌　漓江牌
品　　名　香曲酒
生产厂家　广西桂林地区酒厂
产　　地　广西
生产年份　20 世纪 70 年代

品　　牌　红峰牌
品　　名　虎骨过山乌蛇酒
生产厂家　桂林奇峰酒厂
产　　地　广西
生产年份　20 世纪 80 年代

品　　牌　临桂牌
品　　名　桂花酒
生产厂家　广西临桂桂花酒厂
产　　地　广西
生产年份　20 世纪 80 年代

品　　牌　钦江牌
品　　名　钦州白酒
生产厂家　广西钦州酒厂出品
产　　地　广西
生产年份　20 世纪 70 年代

品　　牌　南溪山牌
品　　名　南溪酒
生产厂家　桂林南溪酒厂出品
产　　地　广西
生产年份　20 世纪 70 年代

品　　牌　南溪山牌
品　　名　君酒
生产厂家　广西桂林南溪酒厂
产　　地　广西
生产年份　20 世纪 90 年代

品　　牌　双喜牌
品　　名　双喜酒
生产厂家　广西扶绥县酒厂
产　　地　广西
生产年份　20 世纪 70 年代

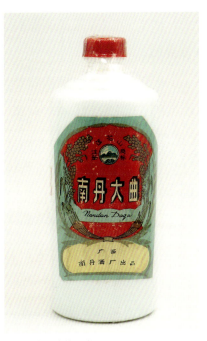

品　　牌　莲花山牌
品　　名　南丹大曲
生产厂家　广西南丹酒厂
产　　地　广西
生产年份　20 世纪 80 年代

品　　牌　鱼峰牌
品　　名　柳泉酒
生产厂家　广西柳州市饮料厂
产　　地　广西
生产年份　20 世纪 80 年代

四川白酒闻名国内外

因为得天独厚的气候环境和丰富的酿酒文化，四川因产酒量大和白酒知名品牌众多闻名国内外，首屈一指当推五粮液。五粮液运用 600 多年的古法技艺，集高粱、大米、糯米、小麦和玉米之精华，故称五粮液，在独特的自然环境下酿造而成，是中国国家地理标志产品。

泸州老窖是中国最古老的"四大名酒"之一，其 1573 国宝窖池群，在 1996 年成为全行业第一家全国重点文物保护单位，传统酿制技艺 2006 年又入选首批国家级非物质文化遗产名录，是双国宝单位。国窖 1573 被誉为"活文物酿造"、中国白酒鉴赏标准级酒品。水井坊也是中国国家地理标志产品，有 600 年延续不断的酿酒历史，被誉为"中国白酒第一坊"。剑南春是中国国家地理标志产品，用高粱、大米、糯米、小麦、玉米为原料，低温入窖，粮糟缓慢糖化、发酵升温成酒。

郎酒传承一千多年的酿造古法，形成了高温制曲、两次投粮、晾堂堆积、回沙发酵、九次蒸酿、八次发酵、七次取酒、经年洞藏、盘勾勾兑的独特工艺，是中国国家地理标志产品。全兴大曲前身是成都府大曲，以高粱为原料，用以小麦制的高温大曲为糖化发酵剂。酒质无色透明，清澈晶莹，窖香浓郁，醇和协调，绵甜甘洌，落口爽净。

四川是中国出名的酒都，除上述酒外，还有很多当地知名的品牌白酒，比如金六福、沱牌、丰谷特曲、叙府大曲、绵竹大曲、仙谭大曲、三溪大曲、三苏大曲、宝莲大曲，还有"甜润幽雅，蕴含众香"的文君酒。

品　　牌　红旗桥牌
品　　名　巴山曲酒
生产厂家　四川省达县市酒厂
产　　地　四川
生产年份　1979 年

品　　牌　碧泉牌
品　　名　碧泉大曲
生产厂家　四川宜宾下食堂曲酒厂
产　　地　四川
生产年份　1982 年

品　　牌　蔡山牌
品　　名　蔡山老窖特曲
生产厂家　四川大邑国营金鸡酒厂
产　　地　四川
生产年份　1989 年

品　　牌　蔡山牌
品　　名　蔡山老窖特曲
生产厂家　国营四川成都金鸡酒厂
产　　地　四川
生产年份　1988 年

品　　牌　滴泉牌
品　　名　滴泉特曲
生产厂家　四川绵阳糖酒站西蜀曲酒厂
产　　地　四川
生产年份　1993 年

品　　牌　崇阳牌
品　　名　崇阳大曲
生产厂家　国营四川省崇庆县酒厂
产　　地　四川
生产年份　1992 年

品　　牌　鹅溪牌
品　　名　鹅溪窖酒
生产厂家　四川省隆昌工农曲酒厂
产　　地　四川
生产年份　1995 年

品　　牌　川郎牌
品　　名　川郎酒
生产厂家　四川省新津县李白酒厂
产　　地　四川
生产年份　1987 年

品　　牌　川兴牌
品　　名　川兴头曲
生产厂家　国营成都川兴酒厂
产　　地　四川
生产年份　1984 年

品　　牌　川兴牌
品　　名　川兴头曲
生产厂家　国营成都川兴酒厂
产　　地　四川
生产年份　1983 年

品　　牌　茅溪牌
品　　名　川茅溪窖酒
生产厂家　四川省古兰县茅溪酒厂
产　　地　四川
生产年份　1988 年

品　　牌　翠泉牌
品　　名　翠泉香
生产厂家　四川省国营云阳县酒厂
产　　地　四川
生产年份　1995 年

品　　牌　中华牌
品　　名　大中华贡酒
生产厂家　中国四川绵竹剑城曲酒厂
产　　地　四川
生产年份　1989 年

品　　牌　古关牌
品　　名　古关头曲
生产厂家　苍溪县陵江寺曲酒厂
产　　地　四川
生产年份　1986 年

品　　牌　凤舞牌
品　　名　凤舞酒
生产厂家　四川国营资阳插花山酒厂
产　　地　四川
生产年份　1988 年

品　　牌　抚琴牌
品　　名　抚琴特曲
生产厂家　四川省文君酒厂
产　　地　四川
生产年份　1986 年

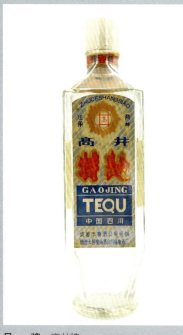

品　　牌　高井牌
品　　名　高井大曲
生产厂家　四川省大邑粮油酒公司
产　　地　四川
生产年份　1985 年

品　　牌　高井牌
品　　名　高井特曲
生产厂家　大邑粮油酒公司福泉酒厂
产　　地　四川
生产年份　1987 年

品　　牌　高井牌
品　　名　高井液
生产厂家　成都市大邑高井酒厂
产　　地　四川
生产年份　1987 年

品　　牌　地主家牌
品　　名　地主家酒
生产厂家　四川大邑县安仁镇天福街
产　　地　四川
生产年份　1996 年

品　　牌　华宫牌
品　　名　华宫特曲
生产厂家　四川成都华宫曲酒厂
产　　地　四川
生产年份　1989 年

品　　牌　华华牌
品　　名　华华头曲
生产厂家　重庆市酒类研究所实验酒厂
产　　地　四川
生产年份　1988 年

品　　牌　沸泉牌
品　　名　沸泉特曲
生产厂家　四川省安县沸泉酒厂
产　　地　四川
生产年份　20 世纪 90 年代

品　　牌　尖庄牌
品　　名　尖庄曲酒
生产厂家　四川省宜宾五粮液酒厂
产　　地　四川
生产年份　1979 年

品　　牌　剑尚牌
品　　名　剑尚春大曲
生产厂家　四川省德阳市剑尚酒业有限公司
产　　地　四川
生产年份　1998 年

品　　牌　逸仙牌
品　　名　阖家（福禄寿喜）酒
生产厂家　四川宜宾五粮液酒厂服务公司
产　　地　四川
生产年份　1986 年

品　　牌　古兰牌
品　　名　古兰大曲
生产厂家　四川省古蔺郎酒厂
产　　地　四川
生产年份　1991 年

品　　牌　冠郎牌
品　　名　冠朗窖酒
生产厂家　四川省古兰县古戎窖酒厂
产　　地　四川
生产年份　1985 年

品　　牌　醽醁春牌
品　　名　国粹酒
生产厂家　四川宜宾市国营涪翁曲酒厂
产　　地　四川
生产年份　1994 年

品　　牌　韩滩牌
品　　名　韩滩液
生产厂家　四川成都市金堂酒厂
产　　地　四川
生产年份　1989 年

品　　牌　鹤鸣牌
品　　名　鹤鸣大曲
生产厂家　四川国营大邑粮油酒公司曲酒厂
产　　地　四川
生产年份　1982 年

品　　牌　红楼春牌
品　　名　红楼春头曲
生产厂家　四川省大竹县竹城曲酒厂
产　　地　四川
生产年份　1982 年

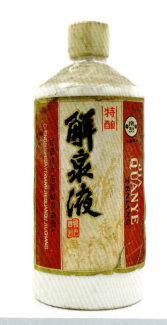

品　　牌　交杯牌
品　　名　交杯液
生产厂家　四川宜宾五粮液酒厂服务公司
产　　地　四川
生产年份　1987 年

品　　牌　南岳牌
品　　名　解泉液
生产厂家　成都市大邑县解泉曲酒厂
产　　地　四川
生产年份　1985 年

品　　牌　金葫牌
品　　名　金葫大曲
生产厂家　国营营山县曲酒厂
产　　地　四川
生产年份　1989 年

品　　牌　蜀泸牌
品　　名　金井大曲
生产厂家　四川省泸州金井曲酒厂
产　　地　四川
生产年份　1982 年

品　　牌　晋安牌
品　　名　晋安老窖特曲
生产厂家　四川省国营大邑泉源酒厂
产　　地　四川
生产年份　1988 年

品　　牌　晋安牌
品　　名　晋安特曲
生产厂家　四川省国营大邑泉源酒厂
产　　地　四川
生产年份　1987 年

品　　牌	九里春牌	品　　牌	泸丽牌	品　　牌	龙翔牌
品　　名	九里春特曲	品　　名	泸丽老窖	品　　名	龙翔酒
生产厂家	成都军区九里春酒厂	生产厂家	四川省泸州市丽华曲酒厂	生产厂家	四川省国营资阳插花山酒厂
产　　地	四川	产　　地	四川	产　　地	四川
生产年份	1987 年	生产年份	1992 年	生产年份	1983 年

品　　牌	郎君牌	品　　牌	郎乐牌	品　　牌	泸藏牌
品　　名	郎君大曲	品　　名	郎乐大曲	品　　名	泸藏特曲
生产厂家	国营四川省古兰县曲酒二厂	生产厂家	四川古兰永乐酒厂	生产厂家	四川省泸州泸县泸藏曲酒厂
产　　地	四川	产　　地	四川	产　　地	四川
生产年份	1988 年	生产年份	1986 年	生产年份	1987 年

品　　牌　川洲牌
品　　名　老窖特曲
生产厂家　四川省邛崃县第一供销社
产　　地　四川
生产年份　1982 年

品　　牌　川邛牌
品　　名　老窖头曲
生产厂家　四川省邛崃县曲酒二厂
产　　地　四川
生产年份　1987 年

品　　牌　故宫牌
品　　名　礼酒
生产厂家　中国宜宾故宫液酒厂
产　　地　四川
生产年份　1986 年

品　　牌　抚琴牌
品　　名　临邛酒
生产厂家　四川邛崃酒厂
产　　地　四川
生产年份　1979 年

品　　牌　玉蝉山牌
品　　名　龙口大曲
生产厂家　四川省泸县曲酒厂
产　　地　四川
生产年份　1979 年

品　　牌　龙沱牌
品　　名　龙沱特曲
生产厂家　国营四川省宜宾酿酒厂
产　　地　四川
生产年份　1987 年

品　　牌　崃山牌
品　　名　崃山二曲
生产厂家　四川邛崃酒厂
产　　地　四川
生产年份　1979 年

品　　牌　泸江牌
品　　名　庐江老窖头曲
生产厂家　四川泸州国营泸江曲酒厂
产　　地　四川
生产年份　1989 年

品　　牌　泸南牌
品　　名　泸南大曲
生产厂家　泸州市石梁曲酒厂
产　　地　四川
生产年份　1988 年

品　　牌　泸溪牌
品　　名　泸溪特曲
生产厂家　四川省泸溪曲酒厂
产　　地　四川
生产年份　1985 年

品　　牌　泸州牌
品　　名　泸州老窖大曲酒
生产厂家　中国四川泸州酒厂
产　　地　四川
生产年份　1982 年

品　　牌　泸州牌
品　　名　巴山曲酒
生产厂家　中国四川泸州酒厂
产　　地　四川
生产年份　1988 年

品　　牌　泸州牌
品　　名　巴山曲酒
生产厂家　中国四川泸州酒厂
产　　地　四川
生产年份　1988 年

品　　牌　泸州牌
品　　名　绿豆大曲
生产厂家　中国泸州曲酒厂
产　　地　四川
生产年份　1983 年

品　　牌　骆树牌
品　　名　骆树特曲
生产厂家　四川大邑金凤酒厂
产　　地　四川
生产年份　1989 年

品　　牌　江阳牌
品　　名　绿豆大曲
生产厂家　四川省泸州江阳曲酒厂
产　　地　四川
生产年份　1983 年

品　　牌　泸华牌
品　　名　泸华大曲
生产厂家　国营泸州玉泉酒厂
产　　地　四川
生产年份　1989 年

品　　牌　戎春牌
品　　名　绿豆大曲
生产厂家　四川省国营富顺曲酒厂
产　　地　四川
生产年份　1985 年

品　　牌　巴山牌
品　　名　绿豆特酿
生产厂家　四川国营达县市酒厂
产　　地　四川
生产年份　1988 年

品　　牌　英汉牌
品　　名　绿豆特曲
生产厂家　四川省邛崃县付安酒厂
产　　地　四川
生产年份　1987 年

品　　牌　金雁牌
品　　名　绿豆液
生产厂家　四川省国营广汉市酒厂
产　　地　四川
生产年份　1993 年

品　　牌　戎春牌
品　　名　绿豆液
生产厂家　四川省国营富顺曲酒厂
产　　地　四川
生产年份　1987 年

品　　牌　溢洪堰牌
品　　名　茅酒
生产厂家　四川省官溪酒厂
产　　地　四川
生产年份　1982 年

品　　牌　茅坡牌
品　　名　茅坡老窖
生产厂家　四川省古兰县茅坡曲酒厂
产　　地　四川
生产年份　1988 年

品　　牌　蒙山牌
品　　名　蒙山陈酿
生产厂家　四川省国营渠县酒厂
产　　地　四川
生产年份　1982 年

品　　牌　蒙山牌
品　　名　蒙山大曲
生产厂家　四川渠县酒厂
产　　地　四川
生产年份　1979 年

品　　牌　绵竹牌
品　　名　绵竹大曲
生产厂家　四川省绵竹酒厂
产　　地　四川
生产年份　1979 年

品　　牌　梦牌
品　　名　梦酒
生产厂家　四川省宜宾红楼梦酒厂
产　　地　四川
生产年份　1983 年

品　　牌　竹露春牌
品　　名　绵竹头曲
生产厂家　四川省绵竹县糖酒公司曲酒厂
产　　地　四川
生产年份　1988 年

品　　牌　岷泉牌
品　　名　岷泉酒
生产厂家　四川省宜宾地区岷泉曲酒厂
产　　地　四川
生产年份　1992 年

品　　牌　名城牌
品　　名　名城大曲
生产厂家　四川泸州国营泸县名城曲酒厂
产　　地　四川
生产年份　1982 年

品　　牌　梅花牌
品　　名　彭山二曲
生产厂家　四川省彭山酒厂
产　　地　四川
生产年份　1978 年

品　　牌　宁河牌
品　　名　宁河大曲
生产厂家　国营泸州市叙永县红岩曲酒厂
产　　地　四川
生产年份　1982 年

品　　牌　浦水牌
品　　名　浦水情酒
生产厂家　国营四川省宜宾珙县协州曲酒厂
产　　地　四川
生产年份　1988 年

品　　牌　瀚笙牌
品　　名　五粮老窖特曲
生产厂家　四川省宜宾川南曲酒厂
产　　地　四川
生产年份　1988 年

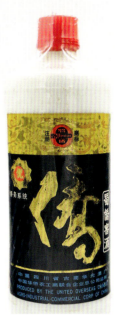

品　　牌	蜀丰牌
品　　名	蜀丰酒
生产厂家	四川省内江市五粮曲酒厂
产　　地	四川
生产年份	1983 年

品　　牌	蜀晋牌
品　　名	蜀晋特曲
生产厂家	四川省成都市国营大邑曲酒三厂
产　　地	四川
生产年份	1986 年

品　　牌	蜀侨牌
品　　名	蜀侨窖酒
生产厂家	中国四川省古兰华光酒厂
产　　地	四川
生产年份	1988 年

品　　牌	蜀邛牌
品　　名	蜀邛特曲
生产厂家	四川省邛崃县曲酒三厂
产　　地	四川
生产年份	1984 年

品　　牌	思君牌
品　　名	思君特曲
生产厂家	四川省乐山市犍为县曲酒厂
产　　地	四川
生产年份	1985 年

品　　牌	思君牌
品　　名	思君特曲
生产厂家	四川省犍为县曲酒厂
产　　地	四川
生产年份	1991 年

品　牌　清朗牌
品　名　清郎酒
生产厂家　国营四川省古兰县郎曲酒厂
产　地　四川
生产年份　1989 年

品　牌　仁萃牌
品　名　仁萃特曲
生产厂家　四川省仁寿县青岗曲酒厂
产　地　四川
生产年份　1988 年

品　牌　郎酒牌
品　名　郎酒
生产厂家　四川省崇庆县生力酒厂
产　地　四川
生产年份　1988 年

品　牌　庄园牌
品　名　三粮液
生产厂家　四川大邑园酒厂
产　地　四川
生产年份　1982 年

品　　牌	古温牌	品　　牌	通灵牌	品　　牌	龙脑牌
品　　名	竹叶青	品　　名	通灵液	品　　名	头曲
生产厂家	四川国营温县农场酒厂	生产厂家	四川省宜宾地区五粮液公司	生产厂家	四川省泸州龙脑曲酒厂
产　　地	四川	产　　地	四川	产　　地	四川
生产年份	1983 年	生产年份	1987 年	生产年份	1983 年

品　　牌	抚琴牌	品　　牌	五郎牌	品　　牌	五郎牌
品　　名	文君酒	品　　名	五郎老窖	品　　名	五郎特曲
生产厂家	四川邛崃酒厂	生产厂家	四川省大邑县国营五郎酒厂	生产厂家	四川省大邑县国营五郎酒厂
产　　地	四川	产　　地	四川	产　　地	四川
生产年份	1979 年	生产年份	1989 年	生产年份	1997 年

品　　牌　长流牌
品　　名　四川老窖
生产厂家　国营四川省武隆酒厂
产　　地　四川
生产年份　1989 年

品　　牌　双鱼牌
品　　名　太白酒
生产厂家　中国万县果酒厂
产　　地　四川
生产年份　1979 年

品　　牌　王咀牌
品　　名　特曲
生产厂家　泸州王咀曲酒厂
产　　地　四川
生产年份　1988 年

品　　牌　乐阁牌
品　　名　特曲
生产厂家　四川省崇庆县隆兴酒厂
产　　地　四川
生产年份　1983 年

品　　牌　宜川牌
品　　名　五粮头曲
生产厂家　四川宜宾国营高县云山曲酒厂
产　　地　四川
生产年份　1987 年

品　　牌　宜川牌
品　　名　宜川特曲
生产厂家　四川宜宾国营高县云山曲酒厂
产　　地　四川
生产年份　1987 年

品　　牌　西桥牌
品　　名　西桥头曲
生产厂家　国营四川省南充地区曲酒厂酿造
产　　地　四川
生产年份　1984 年

品　　牌　鹤山牌
品　　名　鹤山老窖特曲
生产厂家　四川省蒲江县鹤山曲酒厂
产　　地　四川
生产年份　1984 年

品　　牌　红旗牌
品　　名　五粮液
生产厂家　四川省宜宾五粮液酒厂
产　　地　四川
生产年份　1971 年

品　　牌　长江大桥牌
品　　名　五粮液
生产厂家　四川省宜宾五粮液酒厂
产　　地　四川
生产年份　1988 年

品　　牌　南江牌
品　　名　香菇液
生产厂家　四川省南江县曲酒厂
产　　地　四川
生产年份　1980 年

品　　牌　旭水牌
品　　名　旭水大曲酒
生产厂家　四川荣县酒厂
产　　地　四川
生产年份　1982 年

品　　牌　雾中山牌
品　　名　雾中山特曲
生产厂家　大邑旅游开发公司曲酒厂
产　　地　四川
生产年份　1989 年

品　　牌　营星牌
品　　名　营星特曲
生产厂家　四川省大邑尚联酒厂
产　　地　四川
生产年份　1983 年

品　　牌　余波桥牌
品　　名　余波特曲
生产厂家　国营四川新津酒厂
产　　地　四川
生产年份　1988 年

品　　牌　玉如玉牌
品　　名　玉如玉大曲
生产厂家　四川国营宜宾地区曲酒厂
产　　地　四川
生产年份　1988 年

品　　牌　庄园牌
品　　名　庄园大曲
生产厂家　四川省成都大邑县天寿酒厂
产　　地　四川
生产年份　1991 年

品　　牌　通川桥牌
品　　名　通川曲酒
生产厂家　四川省达县酒厂
产　　地　四川
生产年份　1979 年

贵州，名酒大省名不虚传

　　作为中国名酒大省，贵州酒的光环不仅仅来源于茅台，20世纪七八十年代，贵州县县办酒厂，产出了大量的好酒。贵州有好山好水，也盛产制酒的好原料，贵州酒声誉满天下也就不足为奇了。

　　早在 1963 年，贵州就开展了第一次名酒评选，共诞生 8 款产品，白酒行业称之为"贵州老八大名酒"，它们是：茅台酒、安酒、董酒、平坝窖酒 、鸭溪窖酒、金沙窖酒、湄窖酒、习水大曲酒（习酒）。

　　第二次评选了 8 款，分别是：茅台、匀酒、董酒、鸭溪窖酒、习水大曲（习酒）、安酒、贵阳大曲、平坝窖酒。

　　第三次贵州名酒评选，获奖的品牌有 14 款，分别是茅台、匀酒、董酒、习水大曲（习酒）、贵阳大曲、平坝窖酒、安酒、朱昌窖酒、惠水大曲、阳关大曲、毕节大曲、九龙液、盘江窖酒、湄窖窖酒。

　　第四次贵州名酒评选分成了"金奖"（省优质产品金奖）、"银奖""铜奖"，评选结果是：

　　金奖 14 个：茅台、匀酒、怀酒、董酒、习酒、黔春酒、安酒、湄窖酒 、鸭溪窖酒、习水大曲（习酒）、贵阳大曲、平坝窖酒、茅台低度酒、飞天牌董醇。

　　银奖 25 个：珍字牌珍酒、金壶牌金壶春酒、颐年春牌颐年春酒、赤贵牌赤贵老窖酒、楠乡牌楠乡大曲、毕节牌毕节大曲、习龙牌习龙大曲、芙蓉江窖酒、黔龙牌黔龙液、贵冠牌贵冠酒、南盘江牌南盘江窖酒、枫榕牌枫榕窖酒、习郎牌习郎大曲、夜郎牌夜郎春窖酒、金沙牌金沙窖酒、娄山牌娄山春酒、新峰牌新峰窖酒、黔北牌黔北老窖酒、福泉牌福泉酒、朱昌牌朱昌窖酒、南盘江牌贵州醇、鸭溪牌低度鸭溪窖酒、湄字牌低度湄窖酒、习琼牌习琼液酒、黔春牌黔春特醇。

铜奖9个：黔安牌黔安窖酒、大关牌大关酒、息烽牌息烽窖酒、阳关牌阳关大曲、乌江牌乌江酒、涟江牌涟江大曲、双钟牌双钟窖酒、永恒牌永恒大曲、青溪牌青溪大曲。

在总共4次贵州名酒评选中，有6款产品，4次参选4次获奖，可以说是当之无愧的贵州名酒天团，那就是茅台、董酒、习水大曲（习酒）、安酒、平坝窖酒、鸭溪窖酒。

品　　牌　黄果树牌
品　　名　安酒
生产厂家　安顺市酒厂
产　　地　贵州
生产年份　1979 年

品　　牌　帆牌
品　　名　习水大曲
生产厂家　国营贵州省习水酒厂
产　　地　贵州
生产年份　1977 年

品　　牌　毕节牌
品　　名　毕节大曲
生产厂家　贵州毕节县酒厂
产　　地　贵州
生产年份　1979 年

品　　牌　毕节牌
品　　名　毕节大曲
生产厂家　贵州省毕节县酒厂
产　　地　贵州
生产年份　1989 年

品　　牌　黄果树牌
品　　名　安酒
生产厂家　贵州省安顺酒厂
产　　地　贵州
生产年份　1980 年

品　　牌　董牌
品　　名　董酒
生产厂家　贵州遵义董酒厂
产　　地　贵州
生产年份　1984 年

品　　牌　董牌
品　　名　董窖
生产厂家　贵州遵义董酒厂
产　　地　贵州
生产年份　1989 年

品　　牌　乐山牌
品　　名　贵窖酒
生产厂家　贵州遵义桐梓东山窖酒厂
产　　地　贵州
生产年份　1983 年

品　　牌　董贡牌
品　　名　董泉窖酒
生产厂家　国营贵州遵义董泉酒厂
产　　地　贵州
生产年份　1993 年

品　　牌　华牌
品　　名　萼酒
生产厂家　贵州省思南中山酒厂
产　　地　贵州
生产年份　1985 年

品　　牌　程字牌
品　　名　贵酒
生产厂家　国营贵州遵义程字酒厂
产　　地　贵州
生产年份　1992 年

品　　牌　从江牌
品　　名　从江大曲
生产厂家　贵州从江酒厂
产　　地　贵州
生产年份　1979 年

品　　牌　飞水牌
品　　名　飞水大曲
生产厂家　贵州施秉县牛大场酒厂
产　　地　贵州
生产年份　1983 年

品　　牌　赤贵牌
品　　名　赤水老窖
生产厂家　中国贵州赤水酒厂
产　　地　贵州
生产年份　1987 年

品　　牌　大关牌
品　　名　大关酒
生产厂家　贵州省石阡酒厂
产　　地　贵州
生产年份　1988 年

品　　牌　倒柳树
品　　名　倒柳村大曲
生产厂家　贵州省毕节军分区酒厂
产　　地　贵州
生产年份　1985 年

品　　牌　黔北牌
品　　名　董公寺大曲
生产厂家　贵州省遵义黔北窖酒厂
产　　地　贵州
生产年份　1987 年

品　　牌　枫榕牌
品　　名　枫榕窖酒
生产厂家　贵州省遵义国营枫香窖酒厂
产　　地　贵州
生产年份　1986 年

品　　牌　枫榕牌
品　　名　枫榕窖酒
生产厂家　国营贵州省遵义枫香窖酒厂
产　　地　贵州
生产年份　1987 年

品　　牌　飞天牌
品　　名　贵州醇
生产厂家　贵州省中国粮油食品进出口公司
产　　地　贵州
生产年份　1986 年

品　　牌　南盘江牌
品　　名　贵州醇
生产厂家　国营兴义市酒厂
产　　地　贵州
生产年份　1988 年

品　　牌　甲秀牌
品　　名　贵阳大曲
生产厂家　贵州省贵阳酒厂
产　　地　贵州
生产年份　1978 年

品　　牌　不详
品　　名　贵酒
生产厂家　贵州省思南中山酒厂
产　　地　贵州
生产年份　1985 年

品　　牌　诸葛洞牌
品　　名　贵宾香
生产厂家　贵州省施秉县酒厂
产　　地　贵州
生产年份　1983 年

品　　牌　福泉牌
品　　名　福泉酒
生产厂家　贵州省福泉酒厂
产　　地　贵州
生产年份　1993 年

品　　牌　福泉山牌
品　　名　泉酒
生产厂家　地方国营贵州省福泉县酒厂
产　　地　贵州
生产年份　1979 年

品　　名　贵州名酒荟萃
产　　地　贵州
生产年份　1992 年

品　　牌　龙井牌
品　　名　贵州龙井窖
生产厂家　峡山酒厂
产　　地　贵州
生产年份　1982 年

品　　牌　龙井牌
品　　名　龙井曲酒
生产厂家　贵州省湄潭永兴造酒厂
产　　地　贵州
生产年份　1989 年

品　　牌　茅泉牌
品　　名　贵州玉液
生产厂家　中国贵州仁怀县茅台恒香酒厂
产　　地　贵州
生产年份　1996 年

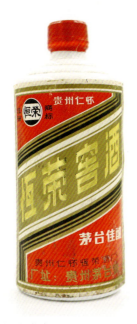

品　　牌　恒荣牌
品　　名　恒荣窖酒
生产厂家　贵州省怀仁恒荣酒厂
产　　地　贵州
生产年份　1988 年

品　　牌　华贵牌
品　　名　华贵酒
生产厂家　遵义市华贵酒厂
产　　地　贵州
生产年份　1987 年

品　　牌　不详
品　　名　华夏大曲
生产厂家　贵州青峰酒厂
产　　地　贵州
生产年份　1989 年

品　　牌　仁怀牌
品　　名　回沙酒
生产厂家　贵州仁怀县茅台酿造厂
产　　地　贵州
生产年份　1976 年

品　　牌　怀字牌
品　　名　怀酒
生产厂家　贵州怀酒厂
产　　地　贵州
生产年份　1984 年

品　　牌　怀字牌
品　　名　怀酒
生产厂家　国营贵州怀酒厂
产　　地　贵州
生产年份　1987 年

品　　牌　怀河牌
品　　名　怀河大曲
生产厂家　贵州省仁怀县银河酒厂
产　　地　贵州
生产年份　1986 年

品　　牌　怀台牌
品　　名　怀台酒
生产厂家　贵州省怀仁县怀南酒厂
产　　地　贵州
生产年份　1988 年

品　　牌　怀都牌
品　　名　怀都大曲
生产厂家　贵州省仁怀县中枢台醇酒厂
产　　地　贵州
生产年份　1988 年

品　　牌　台城牌
品　　名　贵茅
生产厂家　贵州省仁怀县茅台台城酒厂
产　　地　贵州
生产年份　1989 年

品　　牌　怀台牌
品　　名　怀台酒
生产厂家　贵州省仁怀市怀南酒厂
产　　地　贵州
生产年份　1995 年

品　　牌　怀潭牌
品　　名　怀潭窖酒
生产厂家　贵州省仁怀县怀潭酒厂
产　　地　贵州
生产年份　1988 年

品　　牌　贵阳牌
品　　名　贵阳大曲
生产厂家　贵州省贵阳酒厂
产　　地　贵州
生产年份　1988 年

品　　牌　青溪牌
品　　名　青溪大曲
生产厂家　贵州省镇远青溪酒厂
产　　地　贵州
生产年份　1983 年

品　　牌　侨牌
品　　名　窖酒
生产厂家　贵州侨联企业公司成江酒厂
产　　地　贵州
生产年份　1983 年

品　　牌　鱼水情牌
品　　名　金龙窖
生产厂家　峡山酒厂
产　　地　贵州
生产年份　1985 年

品　　牌　金沙牌
品　　名　金沙回沙酒
生产厂家　贵州金沙窖酒厂
产　　地　贵州
生产年份　1988 年

品　　牌　九阡牌
品　　名　九阡酒
生产厂家　贵州省三都水族自治县九阡酒厂
产　　地　贵州
生产年份　1988 年

品　　牌　蓝泉牌
品　　名　蓝泉窖酒
生产厂家　贵州省德江蓝泉酒厂
产　　地　贵州
生产年份　1989 年

品　　牌　濮牌
品　　名　郎曲酒
生产厂家　贵州省遵义市仡山春酒厂
产　　地　贵州
生产年份　1993 年

品　　牌　凉泉牌
品　　名　凉泉大曲
生产厂家　贵州省广顺凉水井酒厂
产　　地　贵州
生产年份　1990 年

品　　牌　汤山牌
品　　名　贵州特曲
生产厂家　贵州国营大关酒厂
产　　地　贵州
生产年份　1993 年

品　　牌　观音泉牌
品　　名　黔五粮
生产厂家　贵州省印江县木黄文明酒厂
产　　地　贵州
生产年份　1984 年

品　　牌　龙鲤牌
品　　名　龙酒
生产厂家　国营贵州省龙里县酒厂
产　　地　贵州
生产年份　1986 年

品　　牌　佳劲牌
品　　名　龙潭窖酒
生产厂家　贵州兴义佳劲酒厂
产　　地　贵州
生产年份　1988 年

品　　牌　不详
品　　名　佳酿窖
生产厂家　思南轻工酒厂
产　　地　贵州
生产年份　1982 年

品　　牌　龙舞牌
品　　名　龙舞窖酒
生产厂家　中国贵州省遵义县龙舞酒厂
产　　地　贵州
生产年份　1993 年

品　　牌　茅渡牌
品　　名　茅渡大曲
生产厂家　贵州省茅台酿造一分厂
产　　地　贵州
生产年份　1988 年

品　　牌　茅渡牌
品　　名　茅渡大曲
生产厂家　贵州省仁怀县茅台酿造分厂
产　　地　贵州
生产年份　1987 年

品　　牌　茅谷牌
品　　名　茅谷二曲
生产厂家　中国贵州茅台曲酒厂
产　　地　贵州
生产年份　1996 年

品　　牌　茅恒牌
品　　名　茅恒酒
生产厂家　贵州省茅台茅恒酒厂
产　　地　贵州
生产年份　1993 年

品　　牌　光顺牌
品　　名　茅酒
生产厂家　王顺酒厂
产　　地　贵州
生产年份　1987 年

品　　牌　茅郁牌
品　　名　茅郁曲
生产厂家　贵州省仁怀茅郁酒厂
产　　地　贵州
生产年份　1989 年

品　　牌　湄字牌
品　　名　湄窖酒
生产厂家　贵州省湄潭酒厂
产　　地　贵州
生产年份　1983 年

品　　牌　黔峰牌
品　　名　黔峰窖酒
生产厂家　贵州省平坝酒厂
产　　地　贵州
生产年份　1988 年

品　　牌　南盘江牌
品　　名　南盘江窖酒
生产厂家　贵州省地方国营兴义县酒厂
产　　地　贵州
生产年份　1977 年

品　　牌　楠乡牌
品　　名　楠乡大曲
生产厂家　国营贵州赤水县楠乡酒厂
产　　地　贵州
生产年份　1983 年

品　　牌　黔江牌
品　　名　黔江窖酒
生产厂家　德江酒类专卖公司
产　　地　贵州
生产年份　1984 年

品　　牌　楠乡牌
品　　名　楠乡大曲
生产厂家　国营贵州省赤水县楠乡酒厂
产　　地　贵州
生产年份　1985 年

品　　牌　金壶牌
品　　名　平坝窖酒
生产厂家　贵州平坝酒厂
产　　地　贵州
生产年份　1985 年

品　　牌　九节滩
品　　名　黔醇酒
生产厂家　贵州省遵义酿酒厂
产　　地　贵州
生产年份　1988 年

品　　牌　黔安牌
品　　名　黔安窖酒
生产厂家　国营贵州安顺黔安酒厂
产　　地　贵州
生产年份　1987 年

品　　牌　黔安牌
品　　名　黔安窖酒
生产厂家　贵州安顺黔安酒厂
产　　地　贵州
生产年份　1992 年

品　　牌　黔北春牌
品　　名　黔北春酒
生产厂家　国营贵州遵义务川酿酒厂
产　　地　贵州
生产年份　1983 年

品　　牌　青溪牌
品　　名　青溪大曲
生产厂家　中国贵州清溪酒厂
产　　地　贵州
生产年份　1990 年

品　　牌　不详
品　　名　贵州老烧
生产厂家　国营贵州省茅台酿酒厂
产　　地　贵州
生产年份　1992 年

品　　牌　溶洞牌
品　　名　溶洞窖酒
生产厂家　贵州遵义县红丰窖酒厂
产　　地　贵州
生产年份　1985 年

品　　牌　桑木牌
品　　名　桑木窖酒
生产厂家　贵州遵义绥阳桑木酒厂
产　　地　贵州
生产年份　1989 年

品　　牌　山庄牌
品　　名　山庄窖酒
生产厂家　贵州习水县温水酒厂
产　　地　贵州
生产年份　1983 年

品　　牌　桐牌
品　　名　寿星酒
生产厂家　贵州省国营相樟县酒厂
产　　地　贵州
生产年份　1987 年

品　　牌　怀茅牌
品　　名　寿星酒
生产厂家　贵州省怀仁县怀茅酒厂
产　　地　贵州
生产年份　1988 年

品　　牌　铜人牌
品　　名　双江大曲
生产厂家　贵州铜仁地区酒厂
产　　地　贵州
生产年份　1985 年

品　　牌　花溪牌
品　　名　双粮大曲
生产厂家　贵阳市花溪酒厂
产　　地　贵州
生产年份　1986 年

品　　牌　滩牌
品　　名　滩酒
生产厂家　贵州省习水县滩酒厂
产　　地　贵州
生产年份　1986 年

品　　牌　天下春牌
品　　名　天下春
生产厂家　贵州思南县酒厂
产　　地　贵州
生产年份　1989 年

品　　牌　六龙山牌
品　　名　天涯窖酒
生产厂家　中国贵州铜仁地区窖酒厂
产　　地　贵州
生产年份　1985 年

品　　牌　乌江牌
品　　名　乌江酒
生产厂家　贵州省思南县酒厂
产　　地　贵州
生产年份　1979 年

品　　牌　乌江牌
品　　名　乌江特曲
生产厂家　贵州思南县酒厂
产　　地　贵州
生产年份　1985 年

品　　牌　鱼水情
品　　名　五粮特曲
生产厂家　峡山酒厂
产　　地　贵州
生产年份　1991 年

品　　牌　息峰牌
品　　名　息峰窖酒
生产厂家　贵州省息峰县酒厂
产　　地　贵州
生产年份　1988 年

品　　牌　习湖牌
品　　名　习湖特曲
生产厂家　国营贵州省习水县东风酒厂
产　　地　贵州
生产年份　1988 年

品　　牌　习龙牌
品　　名　习龙大曲
生产厂家　国营贵州省习龙曲酒厂
产　　地　贵州
生产年份　1986 年

品　　牌　习泉牌
品　　名　习泉大曲
生产厂家　贵州省国营习水酒厂一分厂
产　　地　贵州
生产年份　1986 年

品　　牌　阳明牌
品　　名　阳明窖
生产厂家　贵州省修文酒厂
产　　地　贵州
生产年份　1995 年

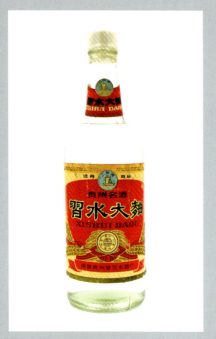

品　　牌　二郎滩牌
品　　名　习水大曲
生产厂家　国营贵州习水酒厂
产　　地　贵州
生产年份　1986 年

品　　牌　赤水河牌
品　　名　习水头曲
生产厂家　贵州省习水酒厂
产　　地　贵州
生产年份　1987 年

品　　牌　雪龙牌
品　　名　雪龙
生产厂家　贵州省习水县龙洞酒厂
产　　地　贵州
生产年份　1989 年

品　　牌　大览牌
品　　名　贤青陈酿老窖
生产厂家　贵阳酒厂
产　　地　贵州
生产年份　1988 年

品　　牌　飞雪洞牌
品　　名　雪窖
生产厂家　遵义凤冈龙潭酒厂
产　　地　贵州
生产年份　1989 年

品　　牌　阳关牌
品　　名　阳关大曲
生产厂家　贵州省贵阳市阳关酒厂
产　　地　贵州
生产年份　1985 年

品　　牌　雅云花牌
品　　名　雅云窖酒
生产厂家　国营贵州省绥阳县雅泉酒厂
产　　地　贵州
生产年份　1985 年

品　　牌　鸭溪牌
品　　名　鸭溪窖酒
生产厂家　贵州遵义鸭溪酒厂酿造
产　　地　贵州
生产年份　1979 年

品　　牌	永恒牌
品　　名	永恒大曲
生产厂家	贵州省习水县永恒酒厂
产　　地	贵州
生产年份	1985 年

品　　牌	永恒牌
品　　名	永恒大曲
生产厂家	贵州省习水县永恒酒厂
产　　地	贵州
生产年份	1992 年

品　　牌	文峰塔牌
品　　名	匀酒
生产厂家	贵州省都匀酒厂
产　　地	贵州
生产年份	1978 年

品　　牌	夜明牌
品　　名	夜明窖
生产厂家	中国贵州铜仁地区窖酒厂
产　　地	贵州
生产年份	1992 年

品　　牌　猫牌
品　　名　长深窖酒
生产厂家　贵州省遵义正安猫溪沟酒厂
产　　地　贵州
生产年份　1985 年

品　　牌　天虎牌
品　　名　贞窖
生产厂家　贵州省贞丰县三岔河酒厂
产　　地　贵州
生产年份　1989 年

品　　牌　筑牌
品　　名　筑窖
生产厂家　贵州省军区酒厂
产　　地　贵州
生产年份　1985 年

品　　牌　筑溪牌
品　　名　筑溪酒
生产厂家　贵阳筑溪酒厂
产　　地　贵州
生产年份　1985 年

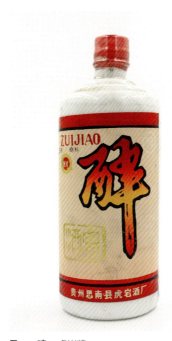

品　　牌　虎岩牌
品　　名　醉酒窖
生产厂家　贵州思南县虎岩酒厂
产　　地　贵州
生产年份　1992 年

品　　牌　醉仙牌
品　　名　醉仙窖酒
生产厂家　贵州绥阳酿酒厂
产　　地　贵州
生产年份　1987 年

充满酒文化魅力的云南

云南少数民族的酒文化是物质文化和精神文化的双重结晶，少数民族有花样繁多的酒礼俗，如团圆酒、同心酒、迎客酒，是民族礼仪的重要组成部分。

充满酒文化魅力的云南，有哪些美酒呢？

用 56 味中草药制成的乾酒曲为糖化发酵剂，经固态蒸煮、糖化、小坛发酵、蒸馏，按量按质摘酒，按质并坛，分级贮存的鹤庆乾酒，在陶坛中贮存 3 年以后，再勾兑而成。酒体清澈透明，清香纯正、醇厚丰满、香气优雅，在云南小曲酒中具有典型性、地域性和代表性，被认定为中国国家地理标志产品。

杨林肥酒遵循"东山采酿泉，南山取青竹；初秋摘木蜜，越冬收小麦"的用料标准，由党参、圆肉、大枣、陈皮、丁香等十多味中药，并配加蜂蜜、蔗糖，经过十多道传统工艺酿造而成，具有酒绿如玉、药味淡雅、甘甜可口、酒体丰满等特点。

醉明月酒是浓香型白酒，采用传统生产工艺和配方，精心勾兑酿制而成。酒体具有窖香馥郁、甘美爽净、绵甜醇冽、回味绵长等特点，是五粮液酒风格的浓香型大曲酒，是云南省著名商标。

玉林泉酒以白高粱、玉林泉水为原料，采用传统的酿酒技术，坚持纯粮酿造，富有绵、甜、净、爽的独特风格及个性魅力。玉林泉酒是清香型白酒的典型代表，获得"云南著名商标"称号。

茅粮酒是浓香型、小曲清香、米香型白酒，先后荣获"中国著名品牌""中国驰名商标"等荣誉。云酒有酱香型、浓香型、清香型，既保留了云南独有的小曲清香型的味道，又和酱香型、浓香型等主流风格相融合，在酒体风格上各有侧重。景谷清酒以米酒为主体，酿造工艺独特，口感柔和，为傣家珍品。大龙口酒采用低温小曲小罐古法，结合现代科技精酿而成。酒体清香幽雅、醇和爽冽、回味甘甜、尾净。

　　云南还有云春酒、大理大麦和云南铜锅酒等一批有当地特色的浸泡酒。

品　　牌 老门牌
品　　名 昆明大曲
生产厂家 昆明酿酒厂
产　　地 云南
生产年份 20 世纪 70 年代

品　　牌　杨林牌
品　　名　杨林肥酒
生产厂家　中国云南杨林肥酒厂
产　　地　云南
生产年份　20 世纪 70 年代

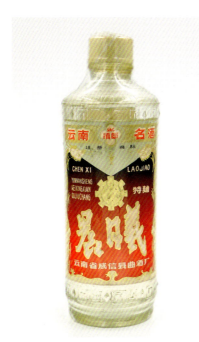

品　　牌　滇郎牌
品　　名　晨曦特曲
生产厂家　云南省威信县曲酒厂
产　　地　云南
生产年份　20 世纪 80 年代

品　　牌　滇郎牌
品　　名　晨曦头曲
生产厂家　云南省威信县曲酒厂
产　　地　云南
生产年份　20 世纪 80 年代

品　　牌　滇郎牌
品　　名　晨曦头曲
生产厂家　云南省威信县曲酒厂
产　　地　云南
生产年份　20 世纪 90 年代

品　　牌　阿诗玛牌
品　　名　阿诗玛特曲
生产厂家　云南曲靖六十九医院酒厂
产　　地　云南
生产年份　20 世纪 80 年代

品　　牌　雪山牌
品　　名　虫草双喜补酒
生产厂家　云南省土产分公司监制
产　　地　云南
生产年份　20 世纪 80 年代

品　　牌　茶源牌
品　　名　普洱醇白酒
生产厂家　宁洱哈尼族彝族自治县
　　　　　茶乡食品饮料有限公司
产　　地　云南
生产年份　20 世纪 90 年代

品　　牌　葡泉牌
品　　名　葡泉大曲
生产厂家　云南昭通葡萄井酒厂
产　　地　云南
生产年份　20 世纪 70 年代

品　　牌　南绍御牌
品　　名　南绍御酒
生产厂家　云南大理上沧酒厂
产　　地　云南
生产年份　20 世纪 90 年代

品　　牌　葡萄井牌
品　　名　滇曲
生产厂家　中国云南昭通葡萄井酒厂
产　　地　云南
生产年份　20 世纪 80 年代

品　　牌　曲靖牌
品　　名　云寿酒
生产厂家　云南省曲靖市曲酒厂
产　　地　云南
生产年份　20 世纪 80 年代

品　　牌	曲靖牌
品　　名	石林春
生产厂家	云南曲靖酒厂
产　　地	云南
生产年份	20 世纪 80 年代

品　　牌	曲靖牌
品　　名	石林春
生产厂家	云南省曲靖酒厂
产　　地	云南
生产年份	20 世纪 80 年代

品　　牌	曲靖牌
品　　名	云春精酿
生产厂家	云南省曲靖市曲酒厂
产　　地	云南
生产年份	20 世纪 80 年代

品　　牌	曲靖牌
品　　名	云春酒
生产厂家	云南省曲靖市曲酒厂
产　　地	云南
生产年份	20 世纪 80 年代

品　　牌	曲靖牌
品　　名	云春精酿
生产厂家	云南省曲靖市曲酒厂
产　　地	云南
生产年份	20 世纪 90 年代

品　　牌　杨林牌
品　　名　杨林肥酒
生产厂家　中国云南杨林肥酒厂
产　　地　云南
生产年份　20 世纪 80 年代

品　　牌　白鹤牌
品　　名　双珍酒
生产厂家　云南省大姚双珍酒总厂
产　　地　云南
生产年份　20 世纪 80 年代

品　　牌　金殿牌
品　　名　云茅窖
生产厂家　昆明实业窖酒厂
产　　地　云南
生产年份　20 世纪 80 年代

品　　牌　澜沧江牌
品　　名　阿秀白酒
生产厂家　云南澜沧江啤酒企业集团
产　　地　云南
生产年份　21 世纪初

品　　牌　云牌
品　　名　云酒
生产厂家　云南省昭通葡萄井酒厂
产　　地　云南
生产年份　20 世纪 80 年代

品　　牌　石莲牌
品　　名　云曲老窖
生产厂家　国营云南省威信县云曲酒厂
产　　地　云南
生产年份　20 世纪 80 年代

品　　牌　石莲牌
品　　名　云曲头曲
生产厂家　国营云南省威信县云曲酒厂
产　　地　云南
生产年份　20 世纪 80 年代

品　　牌　石莲牌
品　　名　云曲大曲
生产厂家　国营云南省威信县云曲酒厂
产　　地　云南
生产年份　20 世纪 90 年代

品　　牌　金潭牌
品　　名　金潭头曲
生产厂家　云南省威信县金潭曲酒厂
产　　地　云南
生产年份　20 世纪 80 年代

品　　牌　明月牌
品　　名　醉明月酒
生产厂家　国营水富县醉明月曲酒厂
产　　地　云南
生产年份　20 世纪 80 年代

品　　牌　明月牌
品　　名　醉明月酒
生产厂家　云南醉明月酒厂
产　　地　云南
生产年份　20 世纪 90 年代

品　　牌　明月牌
品　　名　醉明月酒
生产厂家　国营水富县醉明月曲酒厂
产　　地　云南
生产年份　20 世纪 90 年代

品　　牌　龙门牌
品　　名　竹叶青
生产厂家　昆明市酿酒厂
产　　地　云南
生产年份　20 世纪 80 年代

品　　牌　不详
品　　名　窖酒
生产厂家　云南省丽江传统土特产
产　　地　云南
生产年份　20 世纪 80 年代

品　　牌　东君寿酒
生产厂家　云南易门东君养生配置酒业
　　　　　有限公司
产　　地　云南
生产年份　21 世纪初

品　　牌　葡萄井牌
品　　名　葡萄井清酒
生产厂家　昭通葡萄井酒厂
产　　地　云南
生产年份　20 世纪 60 年代

品　　牌　兴龙樽牌
品　　名　兴龙樽葡萄烈酒
生产厂家　云南高原葡萄酒有限公司
产　　地　云南
生产年份　21 世纪初

品　　牌　东方红牌
品　　名　虎骨酒
生产厂家　云南省腾冲东方红酒厂
产　　地　云南
生产年份　20 世纪 70 年代

品　　牌　梁河牌
品　　名　虎骨酒
生产厂家　中国云南梁河药厂
产　　地　云南
生产年份　20 世纪 80 年代

品　　牌　腾药牌
品　　名　虎骨酒
生产厂家　云南省腾冲制药厂
产　　地　云南
生产年份　20 世纪 80 年代

品　　牌　熊川牌
品　　名　蚂蚁酒
生产厂家　西双版纳熊川蚂蚁酒业有限公司
产　　地　云南
生产年份　20 世纪 90 年代

品　　牌　天溪牌
品　　名　紫米封缸酒
生产厂家　云南亚龙总公司墨江酒厂
产　　地　云南
生产年份　20 世纪 90 年代

三秦沃土，佳酿之地

　　作为很多朝代都城的所在地，陕西的酿酒事业始终得到当朝官员的支持，开设了酒肆酒坊，以满足日常百姓的供给和宫廷御酒的供给。陕西酿酒的文字记载，最早出现在公元前十一世纪。陕西还出了一位杜康，是一个被称为"酒仙"的历史人物。

　　在陕西酒中，西凤酒是中国的八大名酒之一，最早的酿造历史可以追溯到殷商时期。算起来已经有 3000 多年的历史了。唐宋的时候是西凤酒最为兴盛的时期。西凤酒是中国凤香型白酒的典范，凤香型的白酒将清香型和浓香型的优势合二为一，是一种复合香型的白酒香气。太白酒名字的由来是因为产自太白山下，又因为唐代诗人李白而闻名。主要酿造原料是以优质的高粱为主，将上等的大麦和豌豆作为糖化发酵剂，采用来自太白山主峰的积雪融水作为酿酒的主要水源，经过不同风格的酿造工艺，进行三年以上的陈年贮藏，再精心勾兑酿造而成。在这过程中不加入任何添加剂，香味都是纯天然的，是纯天然的发酵食品。

　　白水杜康酒产自杜康的出生地，白水河也被人们称为是"杜康河"。杜康以前的酿酒作坊，地理位置得天独厚，三面环山，白水河水硬度低、清澈见底，是酿造白水杜康最重要的水源。白水杜康是典型的清香型白酒，酒体入口绵甜、芬芳纯正、柔和醇和。

　　城固特曲的酿造历史距今已经有 3800 多年了。到了明清时期，城固的酿造行业更是普及到家家户户。城固特曲酒体清亮透明，口感绵甜甘冽、香味浓郁、醇厚香甜。

　　黄桂稠酒是中国非常古老的酒类之一，被人们称为西安稠酒、陕西稠酒、臻品稠酒和贵妃稠酒，酿造历史距今已经有 3000 多年了。最早的黄桂稠酒叫作醪醴，相传杨贵妃就是喝了黄桂稠酒，才有了"贵妃醉酒"的传说。黄桂稠酒酒精含量只有 0.5%-1% 左右，颜色乳白，香醇可口，不善饮酒的人都可以大口地喝。因为黄桂稠酒中搭配了药材黄桂，所以具有一定的保健作用，也是陕西八大特产之一。

陕西除了白酒事业非常发达以外，葡萄酒的历史也非常悠久，西汉的时候，陕西葡萄酒就已经声名远播。公元前 2 世纪，张骞出使西域，回来的时候引进了中亚地区种植葡萄和酿造葡萄酒的方法，汉武帝非常高兴，于是大力发展葡萄酒行业。到了唐朝的时候，陕西葡萄酒发展空前壮大，无论是在民间还是在宫廷中，葡萄酒都非常受欢迎，迎来了空前盛世。

定军山酒的生产地位于巴山的脚下，群山环绕，山泉尤其多，高家泉就是定军山主要的酿造水源。早在三国时期，当地人就用高家泉的泉水作为酿酒的主要水源，泉水包含了对人体有益的锂、锌、硒、碘等矿物质微量元素。秦川大曲是陕西最古老的名酒之一，通过两年的分层贮存，再经过微波处理，勾兑而成，形成了独具特色的秦川大曲的风格。

陕西还有西安特曲、秦洋特曲、老榆林酒等众多白酒。

品　　牌　定军山牌
品　　名　三粮液
生产厂家　陕西省三粮液酒厂
产　　地　陕西
生产年份　20 世纪 80 年代

品　　牌　定军山牌
品　　名　三粮液
生产厂家　三粮液酒业有限公司
产　　地　陕西
生产年份　20 世纪 80 年代

品　　牌　定军山牌
品　　名　三粮液
生产厂家　陕西省三粮液酒厂
产　　地　陕西
生产年份　20 世纪 90 年代

品　　牌　定军山牌
品　　名　三粮液
生产厂家　陕西省三粮液酒厂
产　　地　陕西
生产年份　20 世纪 90 年代

品　　牌　定军山牌
品　　名　陈酿头曲
生产厂家　陕西省三粮液酒厂
产　　地　陕西
生产年份　20 世纪 90 年代

品　　牌　穆公牌
品　　名　金凤酒
生产厂家　陕西凤翔尹家务酒厂
产　　地　陕西
生产年份　20 世纪 80 年代

品　　牌　穆公牌
品　　名　西凤酒
生产厂家　陕西省凤翔县西凤酒厂
产　　地　陕西
生产年份　20 世纪 80 年代

品　　牌　丰乐桥牌
品　　名　城固特曲
生产厂家　陕西城固酒厂出品
产　　地　陕西
生产年份　20 世纪 80 年代

品　　牌　醇古牌
品　　名　醇古特曲
生产厂家　国营陕西省长武酒厂
产　　地　陕西
生产年份　20 世纪 90 年代

品　　牌　龙王泉牌
品　　名　西安加饭
生产厂家　西安草堂酿酒厂
产　　地　陕西
生产年份　20 世纪 80 年代

品　　牌　镇塔牌
品　　名　班侯酒
生产厂家　国营陕西省镇巴县班侯酒厂
产　　地　陕西
生产年份　20 世纪 90 年代

品　　牌　眉坞牌
品　　名　关中特曲
生产厂家　中国陕西眉坞酒厂
产　　地　陕西
生产年份　20 世纪 80 年代

品　　牌　兴凤牌
品　　名　红高粱
生产厂家　陕西省凤翔县秦川酒厂
产　　地　陕西
生产年份　20 世纪 80 年代

品　　牌　老窖牌
品　　名　头曲酒
生产厂家　西安酒厂
产　　地　陕西
生产年份　20 世纪 80 年代

品　　牌　鹿麟牌
品　　名　鹿麟特曲
生产厂家　陕西秦汉联营酒厂
产　　地　陕西
生产年份　20 世纪 90 年代

品　　牌　陈西牌
品　　名　灵泉白酒
生产厂家　陕西省凤翔水沟酒厂
产　　地　陕西
生产年份　20 世纪 70 年代

品　　牌　陈西牌
品　　名　陈西大曲
生产厂家　陕西省凤翔县陈村水沟酒厂
产　　地　陕西
生产年份　20 世纪 70 年代

品　　牌　陈西牌
品　　名　凤凰酒
生产厂家　中国陕西凤翔水沟酒厂
产　　地　陕西
生产年份　20 世纪 80 年代

品　　牌　陈西牌
品　　名　凤凰酒
生产厂家　中国陕西凤翔水沟酒厂
产　　地　陕西
生产年份　20 世纪 80 年代

品　　牌　西安牌
品　　名　大曲酒
生产厂家　陕西西安酒厂
产　　地　陕西
生产年份　20 世纪 80 年代

品　　牌　西安牌
品　　名　灵香酒
生产厂家　西安酒厂
产　　地　陕西
生产年份　20 世纪 80 年代

品　　牌　龙窝牌
品　　名　龙窝特曲
生产厂家　国营陕西户县龙窝酒厂
产　　地　陕西
生产年份　20 世纪 80 年代

品　　牌　凤柳牌
品　　名　凤柳酒
生产厂家　陕西省凤翔县柳林酒厂
产　　地　陕西
生产年份　20 世纪 80 年代

品　　牌　华清牌
品　　名　华清大曲
生产厂家　西安市临潼县清华酒厂
产　　地　陕西
生产年份　20 世纪 80 年代

品　　牌　柳林春牌
品　　名　柳林春
生产厂家　陕西省西凤酒厂
产　　地　陕西
生产年份　20 世纪 80 年代

品　　牌　杜康牌
品　　名　杜康酒
生产厂家　陕西省白水杜康酒厂
产　　地　陕西
生产年份　20 世纪 80 年代

品　　牌　杜康牌
品　　名　杜康酒
生产厂家　陕西杜康酒厂
产　　地　陕西
生产年份　20 世纪 80 年代

品　　牌　杜康牌
品　　名　杜康二锅头
生产厂家　中国陕西省杜康酒厂
产　　地　陕西
生产年份　20 世纪 90 年代

品　　牌　华山牌
品　　名　华山灵芝酒
生产厂家　中国华山灵芝系列保健品厂
产　　地　陕西
生产年份　20 世纪 90 年代

品　　牌　不详
品　　名　黄桂稠酒
生产厂家　陕西西安市永康稠酒厂
产　　地　陕西
生产年份　20 世纪 90 年代

品　　牌　雍都牌
品　　名　君子酒
生产厂家　陕西省凤翔县紫荆酒厂
产　　地　陕西
生产年份　20 世纪 80 年代

品　　牌　秦岭牌
品　　名　金泉酒
生产厂家　陕西洛南酒厂
产　　地　陕西
生产年份　20 世纪 90 年代

品　　牌　秦俑牌
品　　名　秦宫特曲
生产厂家　国营西安酒厂
产　　地　陕西
生产年份　20 世纪 80 年代

品　　牌　秦俑牌
品　　名　西安特曲
生产厂家　西安酒厂
产　　地　陕西
生产年份　20 世纪 80 年代

品　　牌　水沟牌
品　　名　水沟窖酒
生产厂家　陕西凤翔县水沟酒厂
产　　地　陕西
生产年份　20 世纪 90 年代

品　　牌　双岭牌
品　　名　秦特酒
生产厂家　陕西商南酒厂
产　　地　陕西
生产年份　20 世纪 90 年代

品　　牌　父子峪牌
品　　名　父子峪酒
生产厂家　陕西凤县温江寺酿酒厂
产　　地　陕西
生产年份　20 世纪 90 年代

品　　牌　西凤牌
品　　名　西凤酒
生产厂家　中国陕西西凤酒厂
产　　地　陕西
生产年份　不详

品　　牌　西府牌
品　　名　西府酒
生产厂家　陕西省凤翔县陈村水沟酒厂
产　　地　陕西
生产年份　20 世纪 80 年代

品　　牌　秦川牌
品　　名　秦川大曲
生产厂家　中国陕西西秦酒厂
产　　地　陕西
生产年份　20 世纪 80 年代

品　　牌　秦川牌
品　　名　秦川大曲
生产厂家　陕西西秦酒厂
产　　地　陕西
生产年份　20 世纪 90 年代

品　　牌　秦川牌
品　　名　秦川大曲
生产厂家　陕西省西秦酒厂
产　　地　陕西
生产年份　20 世纪 90 年代

品　　牌　秦洋牌
品　　名　秦洋特曲
生产厂家　中国陕西洋县酒厂
产　　地　陕西
生产年份　20 世纪 90 年代

品　　牌　秦洋牌
品　　名　秦洋特曲
生产厂家　国营陕西洋县酒厂
产　　地　陕西
生产年份　20 世纪 90 年代

品　　牌　秦洋牌
品　　名　珍稀黑米酒
生产厂家　陕西省秦洋食品饮料有限公司
产　　地　陕西
生产年份　20 世纪 90 年代

品　　牌　秦天牌
品　　名　秦天大曲
生产厂家　陕西省西凤酒厂
产　　地　陕西
生产年份　20 世纪 80 年代

品　　牌　秦天牌
品　　名　秦天大曲
生产厂家　中国陕西西凤酒厂
产　　地　陕西
生产年份　20 世纪 80 年代

品　　牌　双凤牌
品　　名　双凤酒
生产厂家　陕西凤翔县酒厂
产　　地　陕西
生产年份　20 世纪 80 年代

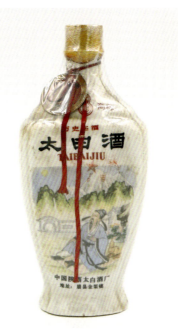

品　　牌　太白牌
品　　名　太白酒
生产厂家　中国陕西太白酒厂
产　　地　陕西
生产年份　20 世纪 80 年代

品　　牌　太白牌
品　　名　太白酒
生产厂家　国营陕西省太白酒厂
产　　地　陕西
生产年份　20 世纪 80 年代

品　　牌　城南牌
品　　名　雍州液
生产厂家　中国陕西凤翔城南酒厂
产　　地　陕西
生产年份　20 世纪 80 年代

品　　牌　太白牌
品　　名　太白酒
生产厂家　中国陕西太白酒厂
产　　地　陕西
生产年份　20 世纪 90 年代

品　　牌　太白牌
品　　名　太白酒
生产厂家　陕西省太白酒厂
产　　地　陕西
生产年份　21 世纪初

品　　牌　西府牌
品　　名　西府酒
生产厂家　陕西省凤翔联营酒厂
产　　地　陕西
生产年份　20 世纪 80 年代

品　　牌	长安牌		品　　牌	五丈塬牌
品　　名	长安头曲		品　　名	特酿凤鸣酒
生产厂家	陕西长安酒厂		生产厂家	国营陕西岐山酒厂
产　　地	陕西		产　　地	陕西
生产年份	20世纪90年代		生产年份	20世纪90年代

品　　牌	永青牌		品　　牌	不详
品　　名	特酿郁香酒		品　　名	三分天下酒
生产厂家	陕西省凤翔县长青酒厂		生产厂家	陕西省城固酒厂
产　　地	陕西		产　　地	陕西
生产年份	20世纪80年代		生产年份	20世纪90年代

品　　牌　西凤牌
品　　名　西凤大曲
生产厂家　陕西省西凤酒厂
产　　地　陕西
生产年份　20 世纪 90 年代

品　　牌　西凤牌
品　　名　西凤醇
生产厂家　陕西省西凤酒厂
产　　地　陕西
生产年份　20 世纪 90 年代

品　　牌　西凤牌
品　　名　西凤酒
生产厂家　陕西西凤酒股份有限公司
产　　地　陕西
生产年份　21 世纪 00 年代

品　　牌　太皇山牌
品　　名　隋唐凤凰酒
生产厂家　延安甘泉美水酒厂
产　　地　陕西
生产年份　20 世纪 90 年代

品　　牌　秦俑牌
品　　名　特曲酒
生产厂家　西安酒厂
产　　地　陕西
生产年份　20 世纪 80 年代

品　　牌　秦俑牌
品　　名　特曲酒
生产厂家　西安酒厂
产　　地　陕西
生产年份　20 世纪 90 年代

品　　牌　雍城牌
品　　名　雍城酒
生产厂家　陕西省西凤酒厂
产　　地　陕西
生产年份　20 世纪 80 年代

品　　牌　西府牌
品　　名　西府酒
生产厂家　陕西省凤翔县西府酒厂
产　　地　陕西
生产年份　20 世纪 80 年代

品　　牌　孙思邈牌
品　　名　炎黄寿酒
生产厂家　中国陕西省西凤酒厂
产　　地　陕西
生产年份　20 世纪 90 年代

充满地域特色的甘肃白酒

甘肃白酒的总产量虽然不大，品牌却非常多，省内每个地区基本上都有当地知名的品牌。甘肃白酒除少量为酱香型酒外，主要为浓香型酒。或许是气候，或许是工艺上的原因，甘肃酒的口味都比较凝重，口味偏苦涩，这几乎成为甘肃酒的一个特色了。

甘肃都有哪些好喝的白酒呢？

皇台酒是一款浓香型白酒，主要以高粱为原料，人工老窖，双轮底工艺，经长期发酵，量质摘酒，分级贮存，自然老熟，精心勾兑而成。其酒质清澈，具有窖香浓郁、香气醇厚、入口香甜、回味悠长的特点。

崆峒酒属酱香型，具有"酱香突出、回味悠长"的茅台酒典型风格，人称"崆峒小茅台"，选用高粱、玉米、小麦、豌豆为原料，以中、高温制曲，风味属甘肃风格。

滨河九粮液突破了白酒原料配比的极限，将九种粮食荟萃于一窖，实现了各主其味、各呈其香，并形成特殊的"九粮香型"，是甘肃省"名牌产品"和"陇货精品"。

凉都老窖是一款浓香型白酒，主要以高粱、小麦、大米、糯米、玉米为原料，采用独特的酿造工艺，精心酿制而成。具有醇香飘逸、酒体丰满、香气和谐、回味悠长的特点。

小陇山是一款浓香型白酒，主要以高粱、大米、小麦、玉米、糯米为原料，采用混蒸续渣工艺，具有芳香浓郁、绵柔甘冽、香味协调、绵甘适口、回味悠长的独特风格。

汉武御是一款浓香型白酒，采用千年汉室古法酿酒工艺研制开发而成，它主要以小麦、玉米为原料，采用老五甑的酿造工艺酿制而成，酒体醇厚丰满，具有醇甜爽净、余味悠长的特点。

红川酒是一款浓香型白酒，它主要以高粱、大米、玉米、小麦、糯米为原料，沿用百年老窖池，采用传统续槽发酵，混蒸混烧老六甑工艺酿制。经过发酵、蒸馏、贮存、陈酿后，精心勾调而成，具有无色、透明、酒窖香、醇厚、洁净、和谐、回味悠长、酒体丰满等特点。

品　　牌　崆峒牌
品　　名　崆峒酒
生产厂家　甘肃平凉柳湖春酒厂
产　　地　甘肃
生产年份　1988 年

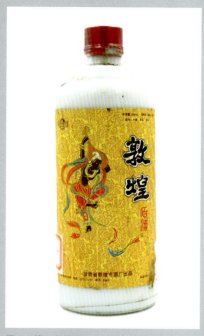

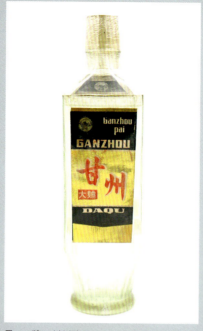

品　　牌　敦煌牌
品　　名　敦煌白酒
生产厂家　甘肃省敦煌市酒厂
产　　地　甘肃
生产年份　1994 年

品　　牌　甘州牌
品　　名　甘州大曲
生产厂家　甘肃省甘州酒厂
产　　地　甘肃
生产年份　1989 年

品　　牌　凉州牌
品　　名　凉州特曲
生产厂家　甘肃凉州曲酒厂
产　　地　甘肃
生产年份　1989 年

品　　牌　当山牌
品　　名　当山美酒
生产厂家　甘肃省两当县白酒厂
产　　地　甘肃
生产年份　1980 年

品　　牌　松鹿牌
品　　名　凉州特曲
生产厂家　甘肃省武威酒厂
产　　地　甘肃
生产年份　1979 年

品　　牌　松鹿牌
品　　名　凉州曲酒
生产厂家　甘肃省武威酒厂
产　　地　甘肃
生产年份　1986 年

品　　牌　松鹿牌
品　　名　松鹿曲酒
生产厂家　甘肃省武威酒厂
产　　地　甘肃
生产年份　1991 年

品　　牌　金微牌
品　　名　金微二曲
生产厂家　甘肃陇南春酒厂
产　　地　甘肃
生产年份　1988 年

品　　牌　金微牌
品　　名　玫瑰露酒
生产厂家　甘肃陇南春酒厂兰州分厂
产　　地　甘肃
生产年份　1993 年

品　　牌　丝路春牌
品　　名　丝路春头曲
生产厂家　甘肃省张掖酒厂
产　　地　甘肃
生产年份　1992 年

品　牌　丝路春牌
品　名　丝路春头曲
生产厂家　甘肃省张掖酒厂
产　地　甘肃
生产年份　1983 年

品　　牌　红川牌
品　　名　红川大曲
生产厂家　甘肃省成县红川酒厂
产　　地　甘肃
生产年份　1986 年

品　　牌　红川牌
品　　名　红川特曲
生产厂家　甘肃省红川酒厂
产　　地　甘肃
生产年份　1997 年

品　　牌　崆峒牌
品　　名　柳湖春特曲
生产厂家　甘肃省平凉酒厂
产　　地　甘肃
生产年份　1982 年

品　　牌　条山牌
品　　名　景泰大曲
生产厂家　甘肃省条山农场酿酒厂
产　　地　甘肃
生产年份　1989 年

品　　牌　崆峒牌
品　　名　柳湖玉液
生产厂家　甘肃平凉市柳湖春酒厂
产　　地　甘肃
生产年份　1990 年

品　　牌　崆峒牌
品　　名　崆峒特曲
生产厂家　甘肃平凉柳湖春酒厂
产　　地　甘肃
生产年份　1995 年

品　　牌　陇南春牌
品　　名　陇南春
生产厂家　甘肃陇南春酒厂
产　　地　甘肃
生产年份　1987 年

品　　牌　陇南春牌
品　　名　陇南春
生产厂家　甘肃陇南春酒厂
产　　地　甘肃
生产年份　1998 年

品　　牌　千年雪牌
品　　名　千年雪大曲
生产厂家　甘肃高台酒厂
产　　地　甘肃
生产年份　1992 年

品　　牌　柳湖暖泉牌
品　　名　暖泉液
生产厂家　平凉市柳湖春酒厂
产　　地　甘肃
生产年份　2000 年

品　　牌　焉支山牌
品　　名　焉支特曲
生产厂家　甘肃山丹军马三场焉支山酒厂
产　　地　甘肃
生产年份　1988 年

品　　牌　焉支山牌
品　　名　女思露
生产厂家　甘肃兰州焉支山保健酒厂
产　　地　甘肃
生产年份　1994 年

品　　牌　上邽牌
品　　名　上邽大曲
生产厂家　甘肃省清水县酒厂
产　　地　甘肃
生产年份　1983 年

品　　牌　彭阳春牌
品　　名　彭阳春特曲
生产厂家　甘肃彭阳春酒厂
产　　地　甘肃
生产年份　1990 年

品　　牌　彭阳春牌
品　　名　彭阳春特曲
生产厂家　甘肃彭阳春酒厂
产　　地　甘肃
生产年份　1999 年

品　　牌　金城牌
品　　名　兰州特曲
生产厂家　兰州酿酒厂
产　　地　甘肃
生产年份　1985 年

品　　牌　酒泉牌
品　　名　酒泉酒
生产厂家　甘肃酒泉县酒厂
产　　地　甘肃
生产年份　1980 年

品　　牌　腾格里牌
品　　名　腾格里白酒
生产厂家　甘肃省民勤酒厂
产　　地　甘肃
生产年份　1988 年

品　　牌　西凉牌
品　　名　西凉大曲
生产厂家　甘肃凉州曲酒厂
产　　地　甘肃
生产年份　1993 年

品　　牌　西凉牌
品　　名　西凉液
生产厂家　中国甘肃凉州皇台酒厂
产　　地　甘肃
生产年份　1992 年

品　　牌　永登牌
品　　名　永酒
生产厂家　甘肃省河西曲酒厂
产　　地　甘肃
生产年份　1993 年

内蒙古独特的饮酒习俗
与酒文化

内蒙古自治区有蒙古族独特的饮酒习俗与酒文化。蒙古族男女喜饮酒，且酒量也大，喝起来颇有豪侠风度。内蒙古人把酒看作是饮食之最，也是敬老和待客最好的饮料。

内蒙古地广人稀，酒的种类很多，基本上都是采用当地产的高粱、玉米、小麦、蚕豆为原料，所产的酒体清香纯正、绵甜醇和、余味爽净，颇受当地人的喜爱。

内蒙古到底有哪些美酒呢？内蒙古白酒第一品牌是河套王酒，曾获"中国驰名商标"和"中国 500 最具价值品牌"荣誉。被誉为"塞外茅台"的宁城老窖，将川酒的香、苏酒的绵完美结合在一起，形成独特的绵香典范，开创了中国绵香型白酒之先河。草原白酒是内蒙古著名商标，曾获国际商工贸博览会金奖。

另外，还有获得"内蒙古百姓最喜爱的草原美酒"称号的蒙古王酒，获得内蒙古著名商标称号的纳尔松酒，被评为内蒙古名牌产品的套马杆酒，曾获中国著名品牌称号的铁木真酒。

此外，内蒙古还有科尔沁酒、鄂尔多斯酒、闷倒驴、向阳陈曲、海拉尔纯粮、呼和诺尔酒、塞外狼酒等诸多白酒。

品　　牌　向阳牌
品　　名　陈曲
生产厂家　内蒙古赤峰市第一制酒厂
产　　地　内蒙古
生产年份　20 世纪 80 年代

品　　牌　宁城牌
品　　名　宁城老窖
生产厂家　中国内蒙古宁城县八里罕酒厂
产　　地　内蒙古
生产年份　20 世纪 80 年代

品　　牌　宁城牌
品　　名　宁城老窖
生产厂家　内蒙古宁城县八里罕酒厂
产　　地　内蒙古
生产年份　20 世纪 90 年代

品　　牌　宁城牌
品　　名　塞外春
生产厂家　内蒙古宁城老窖酒厂
产　　地　内蒙古
生产年份　20 世纪 90 年代

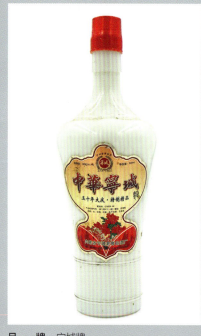

品　　牌　宁城牌
品　　名　中华宁城
生产厂家　内蒙古宁城老窖白酒厂
产　　地　内蒙古
生产年份　20 世纪 90 年代

品　　牌　薛刚山牌
品　　名　薛刚山白酒
生产厂家　内蒙古丰镇酒厂
产　　地　内蒙古
生产年份　20 世纪 80 年代

品　　牌　薛刚山牌
品　　名　丰镇大曲
生产厂家　内蒙古丰镇酒厂
产　　地　内蒙古
生产年份　20 世纪 80 年代

品　　牌	丰州牌	品　　牌	红云牌	品　　牌	红云牌
品　　名	丰州老窖	品　　名	粮食白酒	品　　名	红云福酒
生产厂家	内蒙古自治区呼和浩特制酒厂	生产厂家	内蒙古乌兰浩特市制酒厂	生产厂家	内蒙古乌兰浩特市制酒厂
产　　地	内蒙古	产　　地	内蒙古	产　　地	内蒙古
生产年份	20 世纪 80 年代	生产年份	20 世纪 80 年代	生产年份	20 世纪 80 年代

品　　牌	河套牌	品　　牌	浩乐牌
品　　名	河套老窖	品　　名	塞外春
生产厂家	内蒙古河套酒厂	生产厂家	呼和浩特市粮食制酒厂
产　　地	内蒙古	产　　地	内蒙古
生产年份	20 世纪 90 年代	生产年份	20 世纪 90 年代

品　　牌　罕城牌
品　　名　罕城二曲
生产厂家　内蒙古宁城县八里罕老窖酒厂
产　　地　内蒙古
生产年份　20 世纪 90 年代

品　　牌　帝王牌
品　　名　帝王酒宝
生产厂家　内蒙古宁城老窖股份有限公司
产　　地　内蒙古
生产年份　20 世纪 90 年代

品　　牌　吊桥牌
品　　名　秀水陈曲
生产厂家　中国内蒙古扎兰屯市制酒厂
产　　地　内蒙古
生产年份　20 世纪 80 年代

品　　牌　吊桥牌
品　　名　秀水陈曲
生产厂家　中国内蒙古扎兰屯市制酒厂
产　　地　内蒙古
生产年份　20 世纪 80 年代

品　　牌　草原牌
品　　名　草原白酒
生产厂家　内蒙古太仆寺旗酿酒厂
产　　地　内蒙古
生产年份　20 世纪 80 年代

品　　牌　马牌
品　　名　白酒
生产厂家　内蒙古达拉特旗制酒厂
产　　地　内蒙古
生产年份　20 世纪 80 年代

品　　牌　宇都牌
品　　名　酒宝
生产厂家　内蒙古宁城塞外酿酒厂
产　　地　内蒙古
生产年份　20 世纪 90 年代

品　　牌　侯爵牌
品　　名　侯爵酒
生产厂家　内蒙古奈曼旗酒厂
产　　地　内蒙古
生产年份　20 世纪 90 年代

品　　牌　北敦湖牌
品　　名　二锅头
生产厂家　满洲里市酿酒厂
产　　地　内蒙古
生产年份　20 世纪 80 年代

品　　牌　向阳牌
品　　名　陈曲
生产厂家　中国内蒙古赤峰第一制酒厂
产　　地　内蒙古
生产年份　20 世纪 80 年代

青藏高原盛产青稞酒

青藏高原是世界第三极，是世界上海拔最高、面积最大的高原，平均海拔超过 4000 米。由于高原海拔高，气温冷，加之受季风气候和地形影响，青藏高原气候复杂多变，昼夜温差大，冬季气温极低，冰雪覆盖时间长，使其成为一个独特的生态系统和文化景观。

青藏高原是多民族聚居地区，生活在这里的藏族、羌族、土族、纳西族等多个少数民族，在高原上形成了独特的文化和生活方式。因高山环绕，地形封闭，地处边陲，演化出具有独特的民族色彩的生活样貌，在久远的历史长河中创造并形成了包括语言、宗教信仰、自然崇拜、神话传说、故事、歌谣、舞蹈、节目、服饰、建筑、手工艺、礼仪习俗以及生存理念、生活和生产方式在内的民族文化。

青藏高原民族文化不是一种完全封闭和孤立的文化，而是一个多元文化的综合体，它在本土文化的基础上，将许多外来文化的因素转化吸纳为自己的成分，从而变得生机勃勃。藏民性情豪迈，歌唱至高潮往往手舞足蹈，因此形成有歌必舞、舞中有歌的藏族歌舞。

青稞属于大麦的一种，是传统的高寒作物，耐旱，生长期短，是青藏高原最主要的粮食作物，其种植历史可以追溯到几千年前。将青稞晒干、炒熟、磨成粉状，加入酥油，成为"糌粑"，是藏民的主食。青稞酒以青稞为原料酿成，酒精成分在 10 度左右，味道酸甜，如同内地的米酒，更像是四川一带的醪糟。青稞酒是藏民喜庆宴会不可缺少的饮料。

藏族有着悠久的酿酒历史，最早可追溯至 1000 多年前。在漫长的历史进程中，形成了藏族人独特的酒文化。出于信仰，藏族人普遍爱饮酒，但绝不酗酒，酒多数用于喜庆，不用在消愁解闷，所饮的酒有葡萄酒、蜂蜜酒、青稞酒、米酒、小麦酒等好多种。后来传入内地复式发酵酿酒法，于是酿造出了青稞酒，最终成为了他们的传统饮料。

同在青藏高原的青海省，也盛产青稞，因此也有全国闻名的青稞酒。不同于其他地区，青海省的白酒多了青稞味。天佑德青稞酒在全国享有一定的知名度。考古学家在互助县齐家文化遗址发现了青稞，证实了互助青稞酒的酿酒历史可追溯到4200余年前。互助的酿酒历史底蕴深厚，有着4200年酿酒史，4000年青稞酒酿造史，700余年蒸馏酒史，600余年天佑德青稞酒品牌史、400年大曲白酒史。互助县是中国白酒发展历史中的重要分支，更是中国青稞蒸馏酒的发源地，被誉为"中国青稞酒之源"。

宁夏虽然地处黄土高原，也产青稞酒，还有一些很具有地方特色的酒，如枸杞酒、葡萄酒等多种酒。宁夏酒文化与江南水乡文化、农耕文化与游牧文化相融后，形成了自己独特的酒俗文化，所产的白酒在当地很受欢迎。

品　　牌　羔羊牌
品　　名　东园特曲
生产厂家　宁夏东园酒厂
产　　地　宁夏
生产年份　20 世纪 70 年代

品　　牌　银川牌
品　　名　汾曲香
生产厂家　银川酒厂
产　　地　宁夏
生产年份　20 世纪 80 年代

品　　牌　银川牌
品　　名　银川白酒
生产厂家　银川市酒厂
产　　地　宁夏
生产年份　20 世纪 90 年代

品　　牌　夏欣牌
品　　名　清泉春酒
生产厂家　宁夏中宁县清泉酒厂
产　　地　宁夏
生产年份　20 世纪 90 年代

品　　牌　互助牌
品　　名　互助大曲
生产厂家　青海省互助土族自治县酒厂
产　　地　青海
生产年份　20 世纪 70 年代

品　　牌　互助牌
品　　名　互助大曲
生产厂家　青海省互助土族自治县酒厂
产　　地　青海
生产年份　20 世纪 80 年代

品　　牌　互助牌
品　　名　互助头曲酒
生产厂家　青海省互助土族自治县酒厂
产　　地　青海
生产年份　20 世纪 80 年代

品　　牌　河湟牌
品　　名　河湟头曲
生产厂家　青海省民和回族土族自治县酒厂
产　　地　青海
生产年份　20 世纪 90 年代

品　　牌　河阴牌
品　　名　贵德二曲
生产厂家　国营青海省贵德县酒厂
产　　地　青海
生产年份　20 世纪 70 年代

品　　牌　武当泉牌
品　　名　武当白酒
生产厂家　宁夏石嘴山市酒厂
产　　地　宁夏
生产年份　20 世纪 90 年代

品　　牌　金塔牌
品　　名　金塔五粮春
生产厂家　国营青海省湟中县酒厂
产　　地　青海
生产年份　20 世纪 80 年代

品　　牌　金塔牌
品　　名　金塔大麦酒
生产厂家　国营青海省湟中县酒厂
产　　地　青海
生产年份　20世纪90年代

品　　牌　昆仑牌
品　　名　大曲酒
生产厂家　青海西宁酒厂
产　　地　青海
生产年份　20 世纪 90 年代

品　　牌　昆仑牌
品　　名　湟川曲酒
生产厂家　青海西宁酒厂
产　　地　青海
生产年份　20 世纪 90 年代

品　　牌　昆仑牌
品　　名　三粮液
生产厂家　青海西宁酒厂
产　　地　青海
生产年份　20 世纪 90 年代

品　　牌　昆仑牌
品　　名　昆仑二曲
生产厂家　青海西宁酒厂
产　　地　青海
生产年份　20 世纪 80 年代

品　　牌　昆仑牌
品　　名　宁酒
生产厂家　青海西宁酒厂
产　　地　青海
生产年份　20 世纪 90 年代

品　　牌　香龙牌
品　　名　香龙液
生产厂家　青海省囊谦县四川省崇庆县
　　　　　联合香州酒厂
产　　地　青海
生产年份　20 世纪 90 年代

品　　牌　威远牌
品　　名　威远二曲
生产厂家　青海省互助土族自治县威元镇酒厂
产　　地　青海
生产年份　20 世纪 80 年代

品　　牌　五宝牌
品　　名　五宝头曲
生产厂家　国营青海互助县二酒厂
产　　地　青海
生产年份　20 世纪 90 年代

品　　牌　藏江源牌
品　　名　藏江源酒
生产厂家　不详
产　　地　西藏
生产年份　21 世纪初

浓香型白酒是新疆特色

每个地方都有代表该地方的特色美酒。在古代，新疆的酒就已经作为贡酒存在了，最早在《汉书》中已有记载。悠久的酒历史，蕴含了丰富的酒文化。当今新疆有哪些美酒呢？

伊犁特曲是浓香型白酒，以高粱、玉米、大米、小麦、豌豆、天山雪水为原料，采用传统老五甑工艺及现代科技等独特工艺结合酿制而成，得到的酒体，酒味醇厚，口感甜绵，香气浓郁，舒心爽口，回味悠长，有新疆茅台之美誉。伊力特是浓香型白酒，以高粱、大米、玉米、小麦、豌豆、天山雪水为原料，结合传统工艺及现代科技精心酿制，酒体入口醇厚、清甜爽净，享有"新疆第一酒"美誉。

古城酒有两种，清香型白酒以红高粱、小麦、玉米、大米、深井水为原料，使用清蒸清烧，地缸发酵，清蒸三次清等传统工艺酿造，酒体清亮透明，清香纯正，柔和协调，醇甜润和，甘润爽净，余味悠长；浓香型白酒则使用泥窖固态发酵，续糟配料，混蒸混烧，双轮底发酵的工艺酿造，酒体醇厚协调、丰润绵柔、陈香突出、余味悠长。古城酒在 2016 年成为中国国家地理标志产品。

肖尔布拉克酒是浓香型白酒，秉承"混蒸、续渣"泥窖发酵的老五甑传统酿造工艺，倾心酿造的白酒系列具有"甘、绵、爽、净、醇、厚"的特点。三台酒属浓香型，以高粱、矿泉水为原料，在古老传统生产工艺上，引用现代技术，精心酿造、久贮自然老熟而成。酒体具有醇厚、五味协调、回味悠长、口感清爽等特点，曾被评为"新疆八大名酒"之一。

白杨特曲是浓香型白酒，以玉米、小麦、高粱、大米、糯米为原料，以小麦制成中温大曲为糖化发酵剂，经人工老窖长期发酵，分级摘酒，贮存陈酿，精心勾兑酿制而成。窖香浓郁，入口柔顺，多味协调，余味悠长。曾被评为新疆维吾尔自治区优质产品。五五大曲是浓香型白酒，以小麦、玉米、高粱为原料，传统工艺生产，尤以甘冽醇厚、入口绵甜等特点深受消费者青睐。

新安酒属浓香型，以玉米、小麦、高粱为原料，现有特曲、大曲、老酒、老窖、白酒等 40 多个品种，其酒各有特色，曾获得中国名牌、中国优质白酒等多项荣誉称号。

品　　牌　伊犁牌
品　　名　伊犁大曲
生产厂家　生产兵团农四师十团农场
产　　地　新疆
生产年份　20 世纪 80 年代

品　　牌　北疆牌
品　　名　北疆春酒
生产厂家　新疆霍城县酒厂
产　　地　新疆
生产年份　20 世纪 80 年代

品　　牌　托木尔峰牌
品　　名　二龙泉
生产厂家　新疆农一师托木尔峰酒厂
产　　地　新疆
生产年份　20 世纪 90 年代

品　　牌　托木尔峰牌
品　　名　高粱佳酿
生产厂家　新疆农一师托木尔峰酒厂
产　　地　新疆
生产年份　20 世纪 90 年代

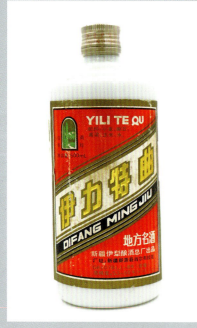

品　　牌　伊力牌
品　　名　伊力特曲
生产厂家　新疆伊犁酿酒总厂
产　　地　新疆
生产年份　20 世纪 90 年代

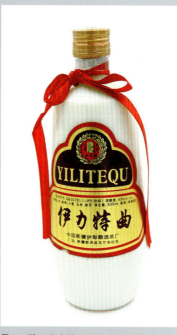

品　　牌　伊力牌
品　　名　伊力特曲
生产厂家　新疆伊犁酿酒总厂
产　　地　新疆
生产年份　20 世纪 90 年代

品　　牌　伊犁牌
品　　名　伊犁特曲
生产厂家　新疆农四师十团农场酒厂
产　　地　新疆
生产年份　20 世纪 80 年代

品　　牌　伊犁河牌
品　　名　伊宁特曲
生产厂家　新疆伊犁酒厂
产　　地　新疆
生产年份　20 世纪 80 年代

品　　牌　伊犁河牌
品　　名　伊宁特曲
生产厂家　新疆伊犁酒厂
产　　地　新疆
生产年份　20 世纪 80 年代

品　　牌　伊犁河牌
品　　名　伊宁特曲
生产厂家　新疆伊犁酒厂
产　　地　新疆
生产年份　20 世纪 80 年代

品　　牌　伊犁河牌
品　　名　伊宁特曲
生产厂家　新疆伊犁酒厂
产　　地　新疆
生产年份　20 世纪 80 年代

品　　牌　白杨牌
品　　名　白杨大曲
生产厂家　新疆石河子八一酒厂
产　　地　新疆
生产年份　20 世纪 90 年代

品　　牌　白杨牌
品　　名　白杨特曲
生产厂家　新疆石河子八一酒厂
产　　地　新疆
生产年份　20 世纪 90 年代

品　牌	三台牌
品　名	北庭大曲
生产厂家	新疆吉木萨尔县三台酒厂
产　地	新疆
生产年份	20 世纪 80 年代

品　牌	三台牌
品　名	高粱大曲
生产厂家	新疆吉木萨尔县三台酒厂
产　地	新疆
生产年份	20 世纪 80 年代

品　牌	三台牌
品　名	北庭大曲
生产厂家	新疆吉木萨尔县三台酒厂
产　地	新疆
生产年份	20 世纪 80 年代

品　牌	芳草湖牌
品　名	芳洲头曲
生产厂家	新疆呼图壁芳草湖总场酒厂
产　地	新疆
生产年份	20 世纪 80 年代

品　牌	赛里木湖牌
品　名	博乐大曲
生产厂家	新疆博尔塔拉州酒厂
产　地	新疆
生产年份	20 世纪 80 年代

品　牌	奎屯牌
品　名	奎屯特曲
生产厂家	新疆奎屯酿酒厂
产　地	新疆
生产年份	20 世纪 70 年代

品　　牌　奎屯牌
品　　名　奎屯特曲
生产厂家　新疆奎屯酿酒厂
产　　地　新疆
生产年份　20 世纪 80 年代

品　　牌　奎屯牌
品　　名　奎屯特曲
生产厂家　新疆奎屯酿酒厂
产　　地　新疆
生产年份　20 世纪 80 年代

品　　牌　奎屯牌
品　　名　奎屯佳酿
生产厂家　新疆奎屯酿酒厂
产　　地　新疆
生产年份　20 世纪 80 年代

品　　牌　奎屯牌
品　　名　奎屯佳酿
生产厂家　新疆奎屯酿酒厂
产　　地　新疆
生产年份　20 世纪 90 年代

品　　牌　奎屯牌
品　　名　奎屯特曲
生产厂家　新疆奎屯酿酒厂
产　　地　新疆
生产年份　20 世纪 90 年代

品　　牌　古菀牌
品　　名　古菀特曲
生产厂家　新疆乌鲁木齐楼兰酒厂
产　　地　新疆
生产年份　20 世纪 90 年代

品　　牌　古海牌
品　　名　古海陈酒
生产厂家　新疆沙湾县酿酒厂
产　　地　新疆
生产年份　20 世纪 80 年代

品　　牌　古海牌
品　　名　古海特曲
生产厂家　新疆沙湾县酿酒厂
产　　地　新疆
生产年份　20 世纪 90 年代

品　　牌　古城牌
品　　名　西酒
生产厂家　新疆奇台酒厂
产　　地　新疆
生产年份　20 世纪 80 年代

品　　牌　古城牌
品　　名　古城大曲
生产厂家　新疆奇台酒厂
产　　地　新疆
生产年份　20 世纪 80 年代

品　　牌　古城牌
品　　名　古城春
生产厂家　新疆奇台酒厂
　　　　　四川剑南春酒厂联合出品
产　　地　新疆
生产年份　20 世纪 90 年代

品　　牌　古城牌
品　　名　古城大曲
生产厂家　新疆奇台酒厂
产　　地　新疆
生产年份　20 世纪 90 年代

品　　牌　古城牌
品　　名　古城大曲
生产厂家　新疆奇台酒厂
产　　地　新疆
生产年份　20世纪80年代

品　　牌　天山水库牌
品　　名　哈密大曲
生产厂家　新疆哈密黄田酒厂
产　　地　新疆
生产年份　20 世纪 90 年代

品　　牌　海台牌
品　　名　海台大曲
生产厂家　新疆阜康天地酒厂
产　　地　新疆
生产年份　20 世纪 90 年代

品　　牌　红山牌
品　　名　红山特曲
生产厂家　新疆国营乌鲁木齐市酿酒厂
产　　地　新疆
生产年份　20 世纪 90 年代

品　　牌　金泉牌
品　　名　金泉大曲
生产厂家　新疆伊犁察布查尔县金泉酒厂
产　　地　新疆
生产年份　20 世纪 90 年代

品　　牌　星牌
品　　名　龟兹大曲
生产厂家　新疆库车酿酒厂
产　　地　新疆
生产年份　20 世纪 80 年代

品　　牌　恭喜牌
品　　名　恭喜特曲
生产厂家　乌鲁木齐县七道湾酿酒厂
产　　地　新疆
生产年份　20 世纪 90 年代

品　　牌	阜北牌
品　　名	阜北特酿
生产厂家	新疆阜康阜北酿酒厂
产　　地	新疆
生产年份	20 世纪 80 年代

品　　牌	阜北牌
品　　名	老窖特曲
生产厂家	新疆阜康阜北酿酒厂
产　　地	新疆
生产年份	20 世纪 80 年代

品　　牌	阜北牌
品　　名	阜北头曲
生产厂家	新疆阜康阜北酿酒厂
产　　地	新疆
生产年份	20 世纪 80 年代

品　　牌	芳洲牌
品　　名	芳洲头曲
生产厂家	新疆呼图壁芳草湖总场酒厂
产　　地	新疆
生产年份	20 世纪 80 年代

品　　牌	雪鸡牌
品　　名	塔城大曲
生产厂家	新疆塔城县玉泉酒厂
产　　地	新疆
生产年份	20 世纪 70 年代

品　　牌	雪鸡牌
品　　名	塔城特曲
生产厂家	新疆塔城县糖厂
产　　地	新疆
生产年份	20 世纪 80 年代

品　　牌　白杨牌
品　　名　特制大曲
生产厂家　新疆石河子八一酒厂
产　　地　新疆
生产年份　20世纪70年代

品　　牌	五五牌
品　　名	天池特曲
生产厂家	新疆五五酒厂
产　　地	新疆
生产年份	20 世纪 80 年代

品　　牌	五五牌
品　　名	天池二曲
生产厂家	新疆五五酒厂
产　　地	新疆
生产年份	20 世纪 80 年代

品　　牌	五五牌
品　　名	天池特曲
生产厂家	新疆五五酒厂（农七师二九团）
产　　地	新疆
生产年份	20 世纪 80 年代

品　　牌	五五牌
品　　名	天池特曲
生产厂家	新疆五五酒厂
产　　地	新疆
生产年份	20 世纪 80 年代

品　　牌	西天池牌
品　　名	天池特曲
生产厂家	新疆五五酒厂
产　　地	新疆
生产年份	20 世纪 80 年代

品　　牌	西天池牌
品　　名	西天池特曲
生产厂家	新疆五五酒厂
产　　地	新疆
生产年份	20 世纪 90 年代

品　　牌　托台牌
品　　名　托台白粮液
生产厂家　新疆托克逊酒厂
产　　地　新疆
生产年份　20 世纪 90 年代

品　　牌　呼牌
品　　名　天山特曲
生产厂家　新疆呼图壁酿酒厂
产　　地　新疆
生产年份　20 世纪 80 年代

品　　牌　托儿木峰牌
品　　名　托尔木峰特曲
生产厂家　新疆乌什四团酒厂
产　　地　新疆
生产年份　20 世纪 90 年代

品　　牌　天山莲牌
品　　名　天山白酒
生产厂家　新疆天山酒业有限公司
产　　地　新疆
生产年份　20 世纪 90 年代

品　　牌　三台牌
品　　名　三台特曲
生产厂家　新疆吉木萨尔三台酒厂
产　　地　新疆
生产年份　20 世纪 80 年代

品　　牌　三台牌
品　　名　三台白酒
生产厂家　新疆吉木萨尔县三台酒厂
产　　地　新疆
生产年份　20 世纪 90 年代

品　　牌　西天山牌
品　　名　西天山白酒
生产厂家　新疆呼图壁县酿酒厂
产　　地　新疆
生产年份　20 世纪 90 年代

品　　牌　溪芯牌
品　　名　溪芯特曲
生产厂家　新疆裕民县酒厂
产　　地　新疆
生产年份　20 世纪 90 年代

品　　牌　新安牌
品　　名　新安特曲
生产厂家　新疆石子河新安酒厂
产　　地　新疆
生产年份　20 世纪 90 年代

品　　牌　新宁牌
品　　名　新宁大曲
生产厂家　新疆伊宁酒厂
产　　地　新疆
生产年份　20 世纪 80 年代

品　　牌　新宁牌
品　　名　新宁特曲
生产厂家　新疆伊宁县酒厂
产　　地　新疆
生产年份　20 世纪 90 年代

品　　牌　乃斯牌
品　　名　新源特曲
生产厂家　新疆伊犁七十一团酒厂
产　　地　新疆
生产年份　20 世纪 80 年代

品　　牌　新源牌
品　　名　新源大曲
生产厂家　新疆伊犁七十一团酒厂
产　　地　新疆
生产年份　20 世纪 80 年代

品　　牌　新源牌
品　　名　新源特曲
生产厂家　新疆生产建设兵团农四师七团酒厂
产　　地　新疆
生产年份　20 世纪 90 年代

品　　牌　新源牌
品　　名　新源特曲
生产厂家　新疆生产建设兵团
　　　　　农四师七十一团酒厂
产　　地　新疆
生产年份　20 世纪 90 年代

品　　牌　雪风泉牌
品　　名　雪风泉特曲
生产厂家　新疆博乐八五酒厂
产　　地　新疆
生产年份　20 世纪 90 年代

品　　牌　塔原牌
品　　名　优质塔原大曲
生产厂家　新疆塔城市酒厂
产　　地　新疆
生产年份　20 世纪 80 年代

品　　牌　巴里坤牌
品　　名　巴里坤大曲
生产厂家　巴里坤哈萨克自治县红山农场酒厂
产　　地　新疆
生产年份　20 世纪 80 年代

品　　牌　满庭香牌
品　　名　满庭香特酿
生产厂家　新疆石河子一四三团第二加工厂
产　　地　新疆
生产年份　20 世纪 90 年代

品　　牌　巩乃斯牌
品　　名　巩乃斯特曲
生产厂家　新疆新源县酒厂
产　　地　新疆
生产年份　20 世纪 80 年代

品　　牌　乌孙牌
品　　名　乌孙特曲
生产厂家　新疆伊犁乌孙酒厂
产　　地　新疆
生产年份　20 世纪 80 年代

品　　牌　蔡家湖牌
品　　名　古湖特曲
生产厂家　新疆蔡家湖酒厂
产　　地　新疆
生产年份　20 世纪 90 年代

品　　牌　蝶舞牌
品　　名　白葡萄酒
生产厂家　新疆石河子市准格尔果酒厂
产　　地　新疆
生产年份　20 世纪 80 年代

品　　牌　蝶舞牌
品　　名　白葡萄酒
生产厂家　新疆石河子市准格尔果酒厂
产　　地　新疆
生产年份　20 世纪 80 年代

中国药酒：
全球独一无二

品　　牌　羊城牌
品　　名　首乌酒
生产厂家　广东省医药保健品进出口公司
产　　地　广东
生产年份　1990 年

自古以来，酒与医、药结下不解之缘。"醫"字从"酉"（酒），以表示酒能治病。中国药酒，具有一定的防治疾病功能，极具中国特色，充满了祖先的智慧，全世界独一无二。

考古资料证实，我国酒的兴起已有五千年。殷商时期的酒类，除了以"酒""醴"命名之外，还有称之为"鬯"的。鬯以黑黍为酿酒原料，加入郁金香草酿成，这是有文字记载的最早的药酒。长沙马王堆三号汉墓出土的《五十二病方》，用到酒的药方不下 35 个，至少有 5 个药方可治疗蛇伤、疽、疥、虿等症；《养生方》中有 6 种药酒的酿造方法。远古时代的药酒，大多数是将药物加入酿酒原料中一起发酵，后世常用浸渍法，药物成分可充分溶出。酒本身能通血脉、散湿气、温肠胃、御风寒、行药势，所以药酒既能保健养生，还能祛病除邪。

药酒是以中医理论为依据，以保健治病为目的，以药和酒有机配制为剂型的功能饮品。就其制作方式而言，可分为两种：一是用酒（白酒或黄酒）为溶媒，与中药材采取不同方式结合后取得的含有药物成分的澄明液体；二是以药物和谷物共同作为酿酒原料，以不同形式加曲酿制而成的药酒。

就功效而言，药酒又可分为"药酒"和"补酒"。药酒是以防治各种疾病为主要目的的特制酒，这种酒多具有通经活络、祛风散寒、活血通脉、疗伤止痛等功效。补酒又称滋补酒、养生酒、保健酒，是供身体虚弱者强身健体之用。

最早的药酒命名，据现有文献，首见于《黄帝内经》中的"鸡矢醴"及《金匮要略》中的"红蓝花酒"等篇目，多以单味药或一方主药的药名作为药酒名称。这个方法也成为后世药酒命名的重要方法。

汉代以后，药酒命名的方法逐渐增多，传统命名方法可以归纳以下几种：一是单味药配制的药酒，多以药名作为酒名，如鹿茸酒、人参酒、红花酒；二是两味药制成的药酒，大多两药联名，如五倍子白矾酒、人参鹿茸酒；三是多味药制成的药酒，用其中一个或两个主药命名，如羌独活酒、仙茅益智酒；也可用易于记忆的方法命名，如五蛇酒、五花酒、二藤酒；四是以人名为药酒名称，如仓公酒、史国公酒，以示纪念。为了便于区别，有时也用人名与药名或功效联名的，如崔氏地黄酒、周公百岁酒等；五是以功能主治命名，如安胎当归酒、愈风酒、红颜酒、腰痛酒。这种命名方法，在传统命名方法中占了相当比重；六是以中药方剂的名称，直接作为药酒名称，如八珍酒、十全大补酒等；七是从其他角度命名药酒，如白药酒、玉液酒、紫酒、戊戌酒、仙酒、青囊酒。

药酒具有药食同源的特点，药借酒势，酒助药力，既能防病治病，又能养生保健，适应范围广泛。药酒是中药的一种剂型，它的溶媒含有乙醇，而蛋白质、黏液质、树胶等成分，均不溶于乙醇，所以药酒的杂质较少，澄清度较好，长期贮存不易变质。

《随息居饮食谱》是清代王孟英编撰的一部食疗名著，书中的"烧酒"条下，附有7种保健酒的配方、制法和疗效。这些药酒大多以烧酒为酒基，与明代以前的药酒用黄酒为酒基有明显区别。以烧酒为酒基，可增加药中有效成分的溶解。这是近现代以来，药酒及补酒制作上的一大特点。

药酒的分类，一般有以下几种：

按给药途径分类：内服药酒指口服后起到养生保健或治疗疾病作用的药酒。内服药酒品种多、数量大，是中药药酒的主要类型。外用药酒主要作用于皮肤、穴位或需要敷、揉患处，产生局部药理效应和治疗作用。

按功能分类：保健性药酒主要起滋补保健作用，提高抗病能力，延缓机体衰老，达到延年益寿的作用。治疗性药酒以治疗某些疾病为主要目的。

按使用基酒分类：白酒类药酒使用蒸馏酒，药典收藏的中药药酒，均用白酒制备。其他类药酒采用黄酒、米酒、果酒等乙醇含量较低的酒作为基酒，这类酒含有葡萄糖、氨基酸、微量元素等多种营养成分，常用以制备保健酒和美容酒。

药酒是中国医学宝库中的一股香泉，应用已延绵数千年，至今仍受到人们的重视和欢迎。它的优点，概括起来有以下几点：

一是适应面广。药酒既能防病治病，又能养生保健、病后调养，日常饮用可延年益寿。

二是便于服用。饮用药酒不同于其他中药，它可以缩小剂量，便于服用，又可长时间保存，省时省力。

三是吸收迅速。人体对酒的吸收较快，酒是"百药之长"，能较快发挥治疗作用。

四是稳定性好。药酒只要配制适当，遮光密封保存，便可经久存放。

五是容易掌握剂量。药酒是均匀的溶液，按量服用即可。

六是有助改善口感。药酒一般口味平和，甘甜爽口。

以下选择了多款药酒，供大家欣赏。

品　　牌　古温牌
品　　名　竹叶青
生产厂家　国营温县古温酒厂
产　　地　四川
生产年份　1989 年

品　　牌　象头牌
品　　名　益寿补酒
生产厂家　上海中国酿酒厂出品
产　　地　上海
生产年份　1993 年

品　　牌　海康牌
品　　名　田七补酒
生产厂家　广东国营海康县酒厂
产　　地　广东
生产年份　1983 年

品　　牌　烈鹰牌
品　　名　参茸药酒
生产厂家　北京同仁堂药酒厂
产　　地　北京
生产年份　1992 年

品　　牌　同仁牌
品　　名　国公酒
生产厂家　北京同仁堂药酒厂
产　　地　北京
生产年份　1995 年

品　　牌　羊城牌
品　　名　蚕蛾公补酒
生产厂家　广州联合制药厂
产　　地　广东
生产年份　1984 年

品　　牌　羊城牌
品　　名　龙虎凤酒
生产厂家　广州联合制药厂
产　　地　广东
生产年份　1982 年

品　　牌　萧牌
品　　名　长春药酒
生产厂家　广东汕头酿酒厂
产　　地　广东
生产年份　1992 年

品　　牌　茅桥牌
品　　名　黑蚂蚁蛇酒
生产厂家　国营广西龙湾酒厂
产　　地　广西
生产年份　1992 年

品　　牌　象山牌
品　　名　马鬃蛇酒
生产厂家　广西梧州龙山酒厂
产　　地　广西
生产年份　2012 年

品　　牌　桂峰牌
品　　名　三蛇酒
生产厂家　广西梧州市胜利酒厂
产　　地　广西
生产年份　1985 年

品　　牌　兴顺牌
品　　名　皇宫御酒
生产厂家　中国王顺酒厂
产　　地　贵州
生产年份　1993 年

品　　牌　龟牌
品　　名　群龙神龟滋补酒
生产厂家　贵州群龙神工贸易有限公司
产　　地　贵州
生产年份　2001 年

品　　牌　禺叶曲牌
品　　名　绞股蓝酒
生产厂家　贵州省镇宁县芦笙酒厂
产　　地　贵州
生产年份　1999 年

品　　牌　印江牌
品　　名　灵芝酒
生产厂家　贵州印江酒厂
产　　地　贵州
生产年份　1987 年

品　　牌　天黔牌
品　　名　蛇胆酒
生产厂家　贵州省天黔野生动物养殖开发公司
产　　地　贵州
生产年份　1992 年

品　　牌　华台牌
品　　名　华台补酒
生产厂家　贵州省茅台酿造厂三分厂
产　　地　贵州
生产年份　1989 年

品　　牌　鸭溪牌
品　　名　鸭溪春回力酒
生产厂家　贵州省鸭溪窖酒厂
产　　地　贵州
生产年份　1992 年

品　　牌　王胎牌
品　　名　寿酒
生产厂家　遵义神农保健酒厂
产　　地　贵州
生产年份　1991 年

酒 多 自 醉 —— 一 个 人 的 酒 博 汇　　417

品　　牌　金岳牌
品　　名　金岳玉液
生产厂家　海南科海营养食品有限公司
产　　地　海南
生产年份　1997 年

品　　牌　逍遥牌
品　　名　逍遥神补酒
生产厂家　贵州遵义兴泰酒厂
产　　地　贵州
生产年份　1993 年

品　　牌　远牌
品　　名　龟龄集酒
生产厂家　中国山西中药厂
产　　地　山西
生产年份　1992 年

品　　牌　鹿麟牌
品　　名　健身黄酒
生产厂家　中国陕西西乡酒厂
产　　地　陕西
生产年份　1989 年

品　　牌　沙城
品　　名　活络酒
生产厂家　沙城制酒厂
产　　地　河北
生产年份　1980 年

品　　牌　王牌
品　　名　万岁酒
生产厂家　石家庄（国发）新特区医药研究所
产　　地　河北
生产年份　1984 年

品　　牌　五指山牌
品　　名　鹿龟酒
生产厂家　海南国营海口市酒厂
产　　地　海南
生产年份　1993 年

品　　牌　红梅牌
品　　名　参喜酒
生产厂家　不详
产　　地　黑龙江
生产年份　1991 年

品　　牌　黄柏牌
品　　名　东北虎骨酒
生产厂家　黑龙江省东方红制药厂
产　　地　黑龙江
生产年份　1993 年

品　　牌　仙鹤牌
品　　名　四益酒
生产厂家　河南省中国林河酒厂
产　　地　河南
生产年份　1989 年

品　　牌　雪山牌
品　　名　天麻补酒
生产厂家　不详
产　　地　黑龙江
生产年份　1984 年

品　　牌　黄鹤楼
品　　名　灵芝酒
生产厂家　中国医药保健品进出口公司湖北
产　　地　湖北
生产年份　1987 年

品　　牌　辛安渡
品　　名　虎骨酒
生产厂家　武汉市辛安渡制药厂
产　　地　湖北
生产年份　1988 年

品　　牌　李时珍牌
品　　名　李时珍补酒
生产厂家　不详
产　　地　湖南
生产年份　1989 年

品　　牌　吕仙牌
品　　名　三蛇药酒
生产厂家　岳阳市酿酒总厂
产　　地　湖南
生产年份　1991 年

品　　牌　飞山牌
品　　名　天麻酒
生产厂家　湖南省怀化地区制药厂
产　　地　湖南
生产年份　1995 年

品　　牌　红梅牌
品　　名　鞭尾强身酒
生产厂家　中国粮油食品进出口公司
　　　　　吉林分公司
产　　地　吉林
生产年份　1982 年

品　　牌	向阳牌
品　　名	参茸当归酒
生产厂家	中国吉林洮南酒厂
产　　地	吉林
生产年份	1983 年

品　　牌	向阳牌
品　　名	鹿茸酒
生产厂家	吉林省洮南县酒厂
产　　地	吉林
生产年份	1984 年

品　　牌	洮南牌
品　　名	参茸当归酒
生产厂家	吉林洮南酒厂
产　　地	吉林
生产年份	1988 年

品　　牌	长白山牌
品　　名	参茸虎肯药酒
生产厂家	长春市中药厂
产　　地	吉林
生产年份	1983 年

品　　牌	苇沙河牌
品　　名	参叶青
生产厂家	吉林省集安县酿酒厂
产　　地	吉林
生产年份	1994 年

品　　牌	奉宫牌
品　　名	奉宫酒
生产厂家	长白山市长白山奉公保健酒厂
产　　地	吉林
生产年份	1992 年

品　　牌　农丰牌
品　　名　鹿茸酒
生产厂家　吉林省国营梨树农场制酒厂
产　　地　吉林
生产年份　1985 年

品　　牌　江城牌
品　　名　龙参酒
生产厂家　吉林市江城酒厂
产　　地　吉林
生产年份　1988 年

品　　牌　扶农牌
品　　名　鹿茸酒
生产厂家　扶余国营鹿茸酒厂
产　　地　吉林
生产年份　1982 年

品　　牌　高粱牌
品　　名　人参白酒
生产厂家　长春市酿酒厂
产　　地　吉林
生产年份　1989 年

品　　牌　红梅牌
品　　名　芪茸参酒
生产厂家　中国粮油食品进出口公司
产　　地　吉林
生产年份　1988 年

品　　牌　长白山牌
品　　名　人参酒
生产厂家　吉林市长白山葡萄酒厂
产　　地　吉林
生产年份　1993 年

品　　牌　都江堰牌
品　　名　中华弥核桃酒
生产厂家　四川灌县中华弥核桃公司茅梨酒厂
产　　地　四川
生产年份　1987 年

品　　牌	梅花牌
品　　名	人参酒
生产厂家	长春市春城酿酒厂
产　　地	吉林
生产年份	1989 年

品　　牌	梅花牌
品　　名	人参酒
生产厂家	长春市春城酿酒厂
产　　地	吉林
生产年份	1986 年

品　　牌	锦江山牌
品　　名	人参酒
生产厂家	丹东酒厂
产　　地	吉林
生产年份	1978 年

品　　牌	红梅牌
品　　名	人参天麻酒
生产厂家	中粮食品进出口公司吉林分公司
产　　地	吉林
生产年份	1988 年

品　　牌	石桥牌
品　　名	神宫长寿酒
生产厂家	吉林通化市吉安葡萄酒总厂
产　　地	吉林
生产年份	1988 年

品　　牌	新吉林牌
品　　名	熊胆酒
生产厂家	吉林市长白山参茸酒厂
产　　地	吉林
生产年份	1996 年

品　　牌　久健牌
品　　名　虎骨药酒
生产厂家　辽宁市恒仁中药二厂
产　　地　辽宁
生产年份　1986 年

品　　牌　峥嵘牌
品　　名　人参酒
生产厂家　辽宁省宽甸县酿酒厂
产　　地　辽宁
生产年份　1982 年

品　　牌　红梅牌
品　　名　五鞭酒
生产厂家　中国大连酒厂
产　　地　辽宁
生产年份　1983 年

品　　牌　向阳牌
品　　名　雄蛾补酒
生产厂家　中国土产畜产进出口公司
　　　　　辽宁土产分公司
产　　地　辽宁
生产年份　1989 年

品　　牌　牟平牌
品　　名　健身山枣酒
生产厂家　山东牟平酿酒厂
产　　地　山东
生产年份　1987 年

品　　牌　福牌
品　　名　灵芝酒
生产厂家　山东鲁南制药厂
产　　地　山东
生产年份　1995 年

品　　牌　中亚牌
品　　名　特质三鞭酒
生产厂家　中国烟台茶叶土产进出口
　　　　　（山东）分公司
产　　地　山东
生产年份　1987 年

品　　牌　常春牌
品　　名　虫草补酒
生产厂家　上海中药制药二厂
产　　地　上海
生产年份　1994 年

品　　牌　美人泉
品　　名　当归童鸡酒
生产厂家　上海土产分公司
产　　地　上海
生产年份　1986 年

品　　牌　不详
品　　名　木瓜酒
生产厂家　上海中药制药二厂
产　　地　上海
生产年份　1980 年

品　　牌　飞雁牌
品　　名　楠药补酒
生产厂家　上海华光啤酒厂药酒部
产　　地　上海
生产年份　1991 年

品　　牌　华佗牌
品　　名　十全大补酒
生产厂家　上海华光啤酒厂药酒部
产　　地　上海
生产年份　1987 年

品　　牌　华佗牌
品　　名　蛹皇胎补酒
生产厂家　中国土产畜产进出口公司
产　　地　上海
生产年份　1977 年

品　　牌　华佗牌
品　　名　十全大补酒
生产厂家　上海华光啤酒厂药酒部
产　　地　上海
生产年份　1988 年

品　　牌　象头牌
品　　名　太岁酒
生产厂家　上海中国酿酒厂
产　　地　上海
生产年份　1992 年

品　　牌　黄浦牌
品　　名　双龙补膏
生产厂家　上海中药制药三厂
产　　地　上海
生产年份　1988 年

品　　牌　延珍牌
品　　名　滋补酒
生产厂家　吉林省延吉市长白路 73-1 号
产　　地　吉林
生产年份　1987 年

酒名与历史故事

酒文化是造酒饮酒活动过程中形成的特定文化形态，酒名常常体现了当地文化、人物、历史发展的关系。

酒作为一种特殊的文化载体，在传统的中国文化中有其独特的地位。酒文化在中国源远流长，几乎渗透到社会生活中的各个领域。在中国文学史上，不少文人学者留下了品评鉴赏美酒佳酿的诗话和传说。

中国是酒的王国，酒和酒文化一直占据着重要地位。地无分东西南北，人无分男女，饮酒之风，历经数千年而不衰。因醉酒而获得艺术的自由状态，是获得艺术创造力的重要途径。酒作为文化符号，与诗词结下了不解之缘。醉后诗作画作而成传世作品的例子，俯拾皆是。

在绘画和书法艺术中，酒亦是创作的源泉和动力。药酒应用于防治疾病，在我国医药史上，一直在发挥着作用。

人们喝酒，是感情的释放，是心灵的解压。饮酒已成为一种享受。无论是在花前月下，或泛舟中流，抑或是在宅舍酒楼，均是饮酒的最佳场合。临别饯行，友人把所有的离情别绪全都倾注在浓浓的美酒中。也正是有了酒，中国餐饮才得以升华为享誉世界的饮食文化。

各地生产的文化类酒，记录了当地历史、人文或重大事件，反映了当地社会变迁过程或是神话传说，抑或是为当地发展作出特殊贡献的重要人物。那些彪炳史册的人，那些美丽的神话，通过文化酒这个载体，将重要信息传承了下来，也让后人记住了这段往事和人物。后人在细品或豪饮时，都能想到先贤。所以，各地在生产文化类纪念酒时，都会在酒标上加以说明。

中国酒的文化，博大精深，让我们从下面这些名人佳话中，领略一下其精髓吧。

造酒鼻祖杜康

传说夏朝帝相在位的时候，发生了一次政变，帝相被杀，妻子后婚氏怀有身孕，逃到娘家，生下了儿子，取名少康。

传说少年杜康以放牧为生，将未吃完的剩饭放置在桑园的树洞里。剩饭变味后，有芳香的气味传出，他经过反复思索，遂有意识地进行效仿，并不断改进，终于形成了一套酿酒工艺，从而奠定了"杜康造酒"的说法。

杜康造酒的记载，最早见于战国时期成书的《吕氏春秋》。东汉许慎《说文解字·西部·酒》记载："古者仪狄作酒醪，禹尝之而美，遂疏仪狄。杜康作秫酒。"《说文解字·巾部》称："古者少康初作箕帚、秫酒。少康，杜康也。"所以有"仪狄作酒，杜康润色之"的说法。

据此推断，仪狄所作酒大概是用粮食半发酵而成的，类似于现在的醪糟。杜康进一步完善了这一工艺，尤其是其首创选用高粱作为造酒原料，经发酵后芳香类物质析出，使得香气四溢，令人神清气爽，故后世尊杜康为"造酒鼻祖""酒圣"。

品　　牌　杜康牌
品　　名　杜康酒
生产厂家　陕西杜康酒厂
产　　地　陕西
生产年份　2013 年

关羽喝酒刮骨疗毒

关羽进攻樊城，遭到守将曹仁的顽强抵抗，关羽的手臂被弓弩手射伤，翻身落马。关羽被关平等人救回大营以后，发现箭头有毒，必须尽快解毒，否则关羽手臂有可能就废了。关平与众将劝说关羽撤兵，关羽大怒，说即刻就能拿下樊城了，怎能因为一点小伤就耽误军国大事。关平等人没办法，只好四处为关羽求医，终于等来了神医华佗。

华佗进来的时候，关羽正在大营跟马良下棋。华佗检查关羽的伤臂后说，关羽中的是乌头之毒。至于治疗的方法，华佗要立一根柱子，柱子上钉一个铁环，让关羽把手臂穿入铁环，然后用绳子紧紧绑住手臂。华佗会用被子把关羽脑袋蒙住，再用尖刀割开关羽伤臂上的皮肉，直到见到骨头，然后用刀在骨头上将箭毒刮掉。这一切做完再用线把伤口缝合。

关羽听完，哈哈大笑，命人摆上酒席，自己连喝了几杯酒后，继续跟马良下棋，然后对华佗说，先生可以开始治疗

了。华佗拿着尖刀，叫一个小兵拿着大盆放在关羽手臂下面接血。割开皮肉看见骨头已经发青。华佗用刀在骨头上一点点刮着，声音窸窸窣窣，边上人的脸都变色了。

关羽依旧喝酒下棋，骨头上的箭毒被刮完，下面接血的盆子已经滴满鲜血。华佗缝合

完，关羽夸华佗果然神医，现在手臂不疼了；华佗夸关羽是天神下凡，这般疼痛居然也能承受。

品　　牌　关公牌
品　　名　关公酒
生产厂家　中国山西关公酒厂
产　　地　山西
生产年份　1995 年

三顾茅庐

东汉末年，刘备为了打天下，上门请诸葛亮帮助。他同关羽、张飞一起到诸葛亮居住在隆中的茅庐里，请他出山。

可是诸葛亮不在家。几天后，刘备再次带着关羽、张飞冒着风雪前去，哪知又空走一趟。

直到第三次去隆中，刘备终于见到了诸葛亮。听到诸葛亮对天下形势精辟的分析，刘备十分叹服。

刘备三顾茅庐，使诸葛亮非常感动，答应出山相助。刘备尊诸葛亮为军师，他还对关羽、张飞说："我之有孔明，犹鱼之有水也。"

诸葛亮初出茅庐，就帮刘备打了不少胜仗，为刘备奠定了蜀汉的国基。

品　　牌　关羽牌
品　　名　关羽酒
生产厂家　运城市地方国营酒厂
产　　地　山西
生产年份　1983 年

曹操是古井贡酒"酒神"

东汉末年，曹操将家乡谯县（今属亳州）所产的九酝春酒进献给汉献帝刘协。他在《上九酝酒法奏》中说："臣县故令南阳郭芝，有九酝春酒。法用曲三十斤，流水五石，腊月二日渍曲，正月冻解，用好稻米，漉去曲滓，便酿法饮。曰譬诸虫，虽久多完，三日一酿，满九斛米止。臣得法酿之，常善，其上清滓亦可饮。若以九酝苦难饮，增为十酿，差甘易饮，不病。今谨上献。"从曹操这份奏章中，可以看到"九酝酒法"的酿制工艺。

曹操还对所酿的九酝春酒的品质进行改良，使得酒的味道更加浓香醇厚，后被进贡到皇家。

九酝春酒因曹操而扬名，而它就是古井贡酒的前身。因此，曹操被尊为古井贡酒"酒神"。

品　　牌　古井贡牌
品　　名　曹操酒
生产厂家　安徽古井酒股份有限公司
产　　地　安徽
生产年份　2002 年

曹雪芹卖画还酒债

　　曹雪芹，清代著名作家。所著《红楼梦》具有高度思想性和艺术性，被誉为中国封建社会后期的百科全书。

　　曹雪芹性情高傲，嗜酒健谈。晚年时，由于生活上的挫折，嗜酒更甚。他历经坎坷巨变，愁愤郁结，在贫病交加中挣扎。因生活困窘，举家食粥，无钱买酒，最后只能卖画得钱付酒家。所以他用醉酒来解脱烦恼，一醉方休，白眼傲世。

　　敦诚在赠他的诗中这样写道：

　　满径蓬蒿老不华，
　　举家食粥酒常赊。
　　衡门僻荜愁今雨，
　　废馆颓楼梦旧家。
　　司书青钱留客醉，
　　步兵白眼向人斜。
　　阿谁买与猪肝食，
　　日望西山餐暮霞。

品　　牌　梦牌
品　　名　梦酒
生产厂家　四川省宜宾红楼梦酒厂
产　　地　四川
生产年份　1988 年

明太祖朱元璋

朱元璋（1328—1398年），明朝开国皇帝，字国瑞，原名重八，后取名兴宗，濠州钟离（今安徽凤阳）人。25岁参加郭子兴领导的红巾军反抗元朝暴政,至正十六年(1356年）诸将奉朱元璋为吴国公。至正二十八年（1368年），击破各路农民起义军后,于南京称帝，国号大明，年号洪武。后先平定西南、西北、东北等地，最终统一中国。

鉴于元末的混乱，朱元璋在位期间对各个方面都进行了改革，废除丞相，加强中央集权，严惩贪官，惩治不法勋贵；军事上实施卫所制度，北伐残元；经济上大搞移民屯田和军屯，文化上紧抓教育，兴科举，建立国子监培养人才；对外加强海外交流，恢复中华宗主国地位。经过洪武时期的努力，社会生产逐渐恢复和发展了，史称洪武之治。洪武三十一年

（1398年），朱元璋病逝于南京，享年71岁，庙号太祖，葬南京明孝陵。

朱元璋出身贫苦，从小饱受元朝贪官污吏的敲诈勒索，他的父母及长兄就是死于残酷剥削和瘟疫，自己从小当和尚。所以，他参加起义队伍后就发誓：一旦自己当上皇帝，先杀尽天下贪官。他登基皇位果然不食言，在全国掀起"反贪官"运动，矛头直指中央到地方的各级贪官污吏。

作为开国之君的朱元璋，从登基到驾崩，他"杀尽贪官"运动贯穿始终，但贪官现象始终未根除，晚年只能发出"如何贪官此锁，不足以为杀，早杀晚生"之哀叹。

品　　牌　濠梁牌
品　　名　明太祖御酒
生产厂家　安徽凤阳酒厂
产　　地　安徽
生产年份　1996年

文君酒

汉代文景之治时期，蜀郡临邛县（四川成都邛崃）的卓家传到了卓王孙这一代。由于社会安定，经营得法，卓家已成巨富，拥有良田千顷；华堂绮院，高车驷马；至于金银珠宝，古董珍玩，更是不可胜数。卓文君为卓王孙之女，姿色娇美，精通音律，善弹琴，有文名，出嫁后丧夫，此时卓文君十七岁，返回娘家住。

时逢梁孝王去世，司马相如返回成都，然而家境贫寒，没有可以用来维持自己生活的

品　　牌　文君牌
品　　名　文君酒
生产厂家　四川省文君酒厂
产　　地　四川
生产年份　1987 年

职业。后受临邛县令王吉相之邀，来到卓家，满座的客人无不惊羡他的风采。酒兴正浓时，临邛县令走上前去，把琴放到相如面前，相如辞谢一番，便弹奏了《凤求凰》。

卓文君刚守寡不久，很喜欢音乐，相如用琴声传递对她的爱慕之情，卓文君从门缝里偷偷看他，特别喜欢他，又怕配不上他。宴会完毕，司马相如以重金赏赐文君的侍者，以此向她转达倾慕之情。于是，卓文君乘夜逃出家门，私奔司马相如。司马相如便同卓文君急忙赶回成都。

后来，相如就同文君来到临邛，把车马全部卖掉，买下一家酒店，做卖酒生意。文君站在炉前卖酒，相如穿起犊鼻裤，与雇工们一起操作忙活，在闹市中洗涤酒器。

卓王孙听到女儿的事情之后，感到很耻辱，因此闭门不出。在兄弟和长辈劝说下，卓王孙只好分给文君家奴一百人，钱一百万，以及她出嫁时的衣服被褥和各种财物。文君

就同相如回到成都，买了田地房屋，成为富有的人家。

后来，司马相如所写《子虚赋》得到汉武帝赏识，又以《上林赋》被封为郎（帝王的侍从官），便打算纳茂陵女子为妾，给妻子送出了一封十三字的信：

一二三四五六七八九
十百千万

卓文君读后，泪流满面。一行数字中唯独少了一个"亿"。无忆，岂不是夫君在暗示自己，已没有以往的回忆了。她心凉如水，回了一首《怨郎诗》，旁敲侧击诉衷肠。司马相如看完妻子的信，惊叹妻子才华横溢，遥想昔日夫妻恩爱之情，羞愧万分，从此不再提纳妾之事。两人白首偕老，安居林泉。

卓文君是聪明的，她用自己的智慧挽回了丈夫的背弃。她用心经营着自己的爱情和婚姻，他们之间最终没有背弃最初的爱恋和最后的坚守，这也使得他们的故事，成为世俗之上的爱情佳话。

尧

传说帝喾的第三个妻子名叫庆都，朦胧中，阴风四合，赤龙扑上她身，过了十四个月，她生下一个儿子。庆都带着儿子住在娘家，直把儿子抚养到十岁，才让他回到父亲的身边，这个孩子就是后来的帝尧。

尧当政后依然住茅草屋，喝野菜汤，穿用葛藤编织的粗布衣。时刻注意倾听百姓的心声，在简陋的宫门前设了一张"欲谏之鼓"，谁要是对他或国家提什么意见或建议，随时可以击打这面鼓，尧听到鼓声，立刻接见，认真听取来人的意见。为了方便民众找到朝廷，他让人在交通要道设立"诽谤之木"，即埋上一根木柱，木柱旁有人看守，民众有意见，可以向看守人陈述，如果来人愿意去朝廷，看守人会给予指引。尧经常说："如果有一个人挨饿，就是我饿了他；如果有一个人受冻，就是我冻了他；如果有一个人获罪，就是我害了他。"史载尧之功臣九人，或说十一人，可谓人才济济。但他唯恐埋没人才，常常深入

到山野之间去求贤问道，察访政治得失，选用贤才。

在先秦时期，以儒家和墨家两个学派最有势力，号称"显学"，两家都以尧舜为号召。从那时起，尧就成为古昔圣王，既是伦理道德方面的理想人格，又是治国平天下的君主楷模。孔子说："大哉尧之为君也！巍巍乎！唯天为大，唯尧则之。荡荡乎，民无能名焉。巍巍乎其有成功也，焕乎其有文章！"孔子对尧的赞美，随着儒家在中国文化传统中的地位渐趋重要，而亦日益深入人心。后来儒家即以"祖述尧舜，宪章文武"为标帜；到唐代韩愈以至于宋明理学，大倡"道统"之说，尧遂成为儒家精神上的始祖。

传说尧由龙所化，对灵气特为敏感。受滴水潭灵气所吸引，将大家带至此地安居，并借此地灵气发展农业，使得百姓安居乐业。为感谢上苍，并祈福未来，尧会精选出最好的粮食，并用滴水潭水浸泡，用特殊手法去除所有杂质，淬取

出精华合酿祈福之水。此水清澈纯净、清香幽长，以敬上苍，并分发于百姓，共庆安康。百姓为感恩于尧，将祈福之水取名曰"华尧"。

品　　牌　尧牌
品　　名　尧酒
生产厂家　河北隆尧酒厂
产　　地　河北
生产年份　1995 年

仪狄

仪狄是夏禹时代司掌造酒的官员，女性，相传是我国最早的酿酒人，虞舜的后人。在吕不韦的《吕氏春秋》、刘向的《战国策》等先秦典籍中均有仪狄造酒的记载。

史籍中有多处"仪狄作酒而美""始作酒醪"的记载，似乎仪狄乃制酒之始祖。这是否事实，有待于进一步考证。一种说法叫"仪狄作酒醪，杜康作秫酒"。这里并无时代先后之分，似乎是讲他们做的是不同的酒。醪，是一种糯米经过发酵而成的醪糟儿。性温软，其味甜，多产于江浙一带。醪糟儿洁白细腻，稠状的糟糊可当主食，上面的清亮汁液颇近于酒。秫，高粱的别称。杜康做秫酒，指的是杜康造酒所使用的原料是高粱。如果硬要将仪狄或杜康确定为酒的创始人的话，只能说，仪狄是黄酒的创始人，而杜康则是高粱酒创始人。

一种说法叫"酒之所兴，肇自上皇，成于仪狄"。意思是说，上古三皇五帝的时候，就有各种各样造酒的方法流行于民间，是仪狄将这些造酒的方法归纳起来，始之流传于后世的。能进行这种总结推广工作的，当然不是一般平民，所以有的书中认定仪狄是司掌造酒的官员，不是没有道理的。有书载，仪狄造酒之后，禹曾经"绝旨酒而疏仪狄"，也证明仪狄是很接近禹的官员。

仪狄是什么时代的人呢？比起杜康来，古籍中的记载较为一致，例如《世本》《吕氏春秋》《战国策》中都认为她是夏禹时代的人。她到底是什么职务呢？是司酒造业的工匠，还是夏禹手下的臣属？她生于何地、葬于何处？都没有确凿的史料可考。《战国策》中说："昔者，帝女令仪狄作酒而美，进之禹，禹饮而甘之，遂疏仪狄，绝旨酒，曰：'后世必有以酒亡其国者'。"根据这段记载，情况大体是这样的：夏禹的女儿令仪狄去监造酿酒，仪狄经过一番努力，做出来的酒味道很好，于是奉献给夏禹品尝。夏禹喝了之后，觉得的确很美好。可是这位被后世人奉为圣明之君的夏禹，不仅没有奖励造酒有功的仪狄，反而从此疏远了她，对她不再信任和重用了，自己也从此和美酒绝了缘。这段记载流传于世的后果是，一些人对夏禹倍加尊崇，推他为廉洁开明的君主；因为禹恶旨酒，竟使仪狄的形象成了专事谄媚进奉的小人，这实在是修史者始料未及的。

品　　牌　仪狄牌
品　　名　仪狄酒
生产厂家　河南省鹤壁市酒厂
产　　地　河南
生产年份　1993 年

赵武灵王

战国后期出现了五国相王的情况，即多个国家的君主互相承认对方的王号，赵武灵王就是其中之一。但他很快取消了王号，认为赵国还没有实力称王，因为周边的游牧民族令他头疼。

由于受到与中山之战失败的耻辱，赵武灵王决定胡服骑射。赵国建立起中国第一支制式骑兵部队，使赵国一跃成为关东六国之首，并修筑赵长城。

赵武灵王之后作了一个很错误的决定，先立小儿子赵何为王，再封长子为代城君，后代城君密谋夺位，杀死赵何的丞相逃亡沙丘，赵何的手下人追赶杀死代城君。赵武灵王被围困在行宫，三个月后饿死。史称"沙丘宫变"。

战国时期，各国都涌现了不同的人才。秦国是武将，魏国是变法者，赵国就是名将名相，君臣关系很和睦，肥义、楼缓、虞卿、乐毅、田单、赵奢、蔺相如、廉颇、赵胜、李牧等良相名将辈出。赵国民风剽悍、崇尚气力、慷慨悲凉之士甚多，又得兵法之教，故迅速成为战国中后期的北方军事强国。其崛起速度之快，出乎天下人意料之外，足令六国为之侧目。

赵武灵王死后，继位的赵惠文王，仍然用武灵王的人。此时的秦国已经完成了商鞅变法，逐渐超越了赵国。赵国的地理位置处在七国上方，西边和秦国接壤，北边和燕国接壤，秦和燕形成两面夹击赵国的态势。在战国中后期，魏、齐、楚相继衰落，秦国之威独步天下之时，赵国时为中流砥柱，其作用可谓是举足轻重。

赵国对秦国而言可谓是东出的最大的阻碍，秦赵两国统治集团明争暗斗，尔虞我诈，外交伐谋越演越烈。长平之战是赵国的转折点，40多万士兵被坑杀。虽然之后的邯郸之战让赵国短暂中兴，但也无法单独和秦抗衡，而且燕国趁火打劫大大削弱了赵国的实力，被秦灭亡只是时间问题了。

品　　牌　从台牌
品　　名　赵酒
生产厂家　河北省邯郸市酒厂
产　　地　河北
生产年份　1989 年

贵州安酒

安酒是贵州两大历史名酒之一，也是"贵州老八大"名酒之一。

安酒起源于1930年，由"醉群芳"酒坊的创始人周绍成研究酿制而成，在当时被誉为"安茅"。1951年，在"醉群芳"基础上，成立国营安酒厂，后成为中国第一家白酒集团公司。多年前又在赤水河畔布局生产基地，开始酿造生产酱香型白酒。

贵州安酒专注酿造高品质酱香型白酒，严格恪守：100%酿自赤水河畔、100%选用红缨子糯高粱、100%采用12987传统大曲酱酒工艺、100%陶坛足置5年、100%自家酿造。

贵州安酒在1955年全国第一次酿酒大会上被评为甲级酒；1963起蝉联历届贵州名酒；1978年获全国科学大会"重大科技成果奖"；1989年荣获"国家优质酒"；2012年入选首批"贵州老字号"；2015年荣获"中国驰名商标"称号。

品　　牌　安字牌
品　　名　特级安酒
生产厂家　贵州安川页市酒厂
产　　地　贵州
生产年份　2014年

董公家酒

董永与七仙女的故事引来无数人的仰慕，成为千古佳话。董公人酿造的董公美酒则成了当地名声远扬的酒中珍品，也成为山东博兴的文化特产。

品　　牌　董公牌
品　　名　董公家酒
生产厂家　山东博兴酒厂
产　　地　山东
生产年份　1993 年

江安美酒
故宫珍藏

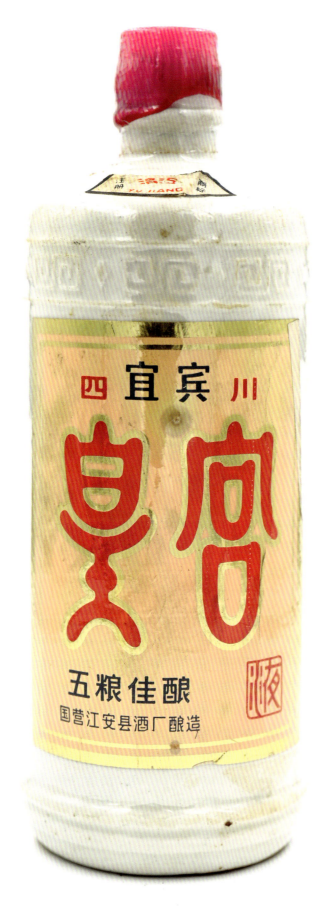

皇宫酒是宜宾市江安县故宫酒业产品，取该县城北数百年历史的金钱井水，酿出绵甜清澈的美酒。该酒具有香味协调、回味悠长、饮后空杯留香等特点，古时曾上供朝廷，被称为"皇宫液""贡酒"。2005年故宫博物院建院80周年时，该酒曾特制故宫御酒珍藏版，被故宫博物院珍藏并传为佳话。

故宫喜酒52度是浓香型，由水、高粱、大米、糯米、小麦、玉米等原料酿成，窖香优雅、绵甜柔和、口感纯正、香味协调、回味悠长、空杯留香。

品　　牌　董公牌
品　　名　董公家酒
生产厂家　山东博兴酒厂
产　　地　山东
生产年份　1993 年

郑板桥烂醉作画

啬彼丰兹信不移，
我于困顿已无辞。
束狂入世犹嫌放，
学拙论文尚厌奇。
看日不妨人去尽，
对花只恨酒来迟。
笑他缣素求书辈，
又要先生烂醉时。

郑燮，字克柔，号板桥，兴化人。进士出身，做过县官，清代著名书画家。

郑板桥生性耿介，孤傲清高。但嗜酒，许多人就以此来求得字画。《清朝野史大观》卷十载，扬州有一位盐商，自己求字画不得，便在郑板桥将要经过的一片竹林中备下狗肉美酒。郑板桥果真路过，一见大喜，吃喝已尽，盐商拿出事先备好的纸张，"一一挥毫意

尽"。一般富商大贾虽"饵以千金"而不得的板桥字画，竟被这个盐商轻易得到了。由于郑板桥有这种嗜酒和因"醉"而画的特性，利用酒来索画的，远不止盐商一个，所以郑板桥写下《自遣》一诗。这也说明，郑板桥作书画，在酒力相助之下"烂醉"之时更佳。

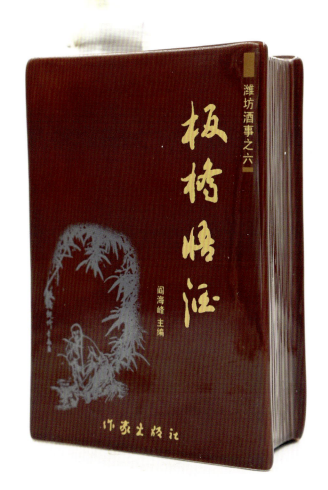

品　　牌　板桥牌
品　　名　板桥悟酒
生产厂家　山东潍坊板桥酒业
产　　地　山东
生产年份　1997 年

包公酒

包拯(999—1062年),字希仁,庐州合肥(今安徽合肥肥东)人,北宋名臣,世称包公。

天圣五年(1027年),包拯登进士第。累迁监察御史,曾建议练兵选将、充实边备。历任三司户部判官及京东、陕西、河北路转运使,后入朝担任三司户部副使,请求朝廷准许解盐通商买卖。知谏院时,多次论劾权贵。再授龙图阁直学士、河北都转运使,移知瀛、扬诸州,历权知开封府、权御史中丞、三司使等职。嘉祐六年(1061年),升任枢密副使。因曾任天章阁待制、龙图阁直学士,故又称"包待制""包龙图"。嘉祐七年(1062年),包拯逝世,年六十四。追赠礼部尚书,谥号"孝肃",后世称其为"包孝肃"。有《包孝肃公奏议》传世。

包拯廉洁公正、立朝刚毅、不附权贵、铁面无私、英明决断、敢于替百姓鸣不平。后世将他奉为神明崇拜,认为他是奎星转世,由于民间传其黑面形象,亦被称为"包青天"。

品 牌	板桥牌
品 名	板桥悟酒
生产厂家	山东潍坊板桥酒业
产 地	山东
生产年份	1998年

吕洞宾酒

吕洞宾，号纯阳子、岩客子，自称回道人。唐代河东蒲州河中府（今山西运城）人，道教丹鼎派祖师。吕洞宾师事钟离权，后曾传道于刘海蟾及王重阳，被道教全真道尊奉为"北五祖"之一、是民间传说中"八仙"之一。

吕祖好酒，有时喝多了也"出事"。有一次吕洞宾大醉，行走在巴陵市的街头，遇上了当地太守的车驾，这狗官不识吕洞宾，便吆喝左右的衙役要拿下吕祖问罪，吕祖笑呵呵地说："等我酒醒了再说吧。"说罢依旧酣睡。这狗官大怒，正要喝令左右捉拿，吕祖却突然不见，只听空中有人吟诗道："暂别蓬莱海上游，偶逢太守问根由。"据说到了宋朝熙宁元年（1068 年），吕祖还在湖州中饱以美酒后用石榴在墙上题诗道：西邻已富忧不足，东老虽贫乐有馀。

品　　牌　洞宾牌
品　　名　洞宾大曲
生产厂家　山西芮城酒厂
产　　地　山西
生产年份　1989 年

范公酒

范仲淹 (989—1052 年)，字希文。祖籍邠州，后移居苏州吴县。北宋时期杰出的政治家、文学家。范仲淹在地方治政、守边皆有成绩，文学成就突出。他倡导的"先天下之忧而忧，后天下之乐而乐"思想和仁人志士节操，对后世产生了深远影响。有《范文正公文集》传世。

后人以文豪范仲淹为名，酿成一款名酒，采用严格的工艺管理，使范公系列酒一直保持着晶莹透澈、醇厚甘美、绵柔爽净的特点。

品　　牌　范公牌
品　　名　范公酒
生产厂家　山东碧运洞集团公司
产　　地　山东
生产年份　1992 年

孟尝君

孟尝君，名田文，战国四公子之一，齐国宗室大臣。

孟尝君在他的封地，招揽各诸侯国的宾客以及犯罪逃亡的人，天下的贤士无不倾心向往。门客有几千人，他不分贵贱，待遇一律与自己相同，所以宾客人人都认为孟尝君与自己亲近。

公元前 299 年，齐湣王派孟尝君到了秦国，秦昭王立即让他担任宰相。有人劝说秦昭王："他是齐王的同宗，任秦国宰相，谋划事情必定是先替齐国打算，而后才考虑秦国，秦国可要危险了。"于是秦昭王就罢免了孟尝君宰相的职务，还图谋杀掉他。

孟尝君四处托人求情，找到了秦昭王的宠姬。宠姬提了个要求："我听说孟尝君有一件狐白裘，天下无双，如果你能把这件狐白裘送给我，我就帮你。"消息传到狱中，孟尝君更感为难，因为这件狐白裘他早已送给秦昭王。众人面面相觑之时，一位善于偷盗的门客自告奋勇。当天夜里，他就趁黑摸入秦宫，偷出了狐白裘。宠姬得到狐白裘后，没有食言，孟尝君很快被释放并强令回国。因怕秦昭王反悔，不敢耽搁，率领手下人连夜奔逃。

一行人逃至函谷关时又遇到了难题：按照秦国法规，函谷关每天鸡叫时才开关放人，而如今夜黑如墨，哪敢等到鸡鸣呢。正当众人犯愁之时，又一位门客站了出来，只见他"喔，喔，喔"连叫几声，引得城关外的雄鸡全都叫了起来。守关士兵听见鸡鸣，以为天色将明，遂开门放人，孟尝君一行人就这样逃出了秦国。

众人很佩服这两位擅偷盗、会鸡鸣的门客，自此以后，宾客们都佩服田文不分人等的做法，"鸡鸣狗盗"一词亦流传下来。

品　　牌　孟尝君牌
品　　名　孟尝君老窖
生产厂家　山东茌平孟尝君酒厂
产　　地　山东
生产年份　1998 年

宝顶大曲

大足石刻代表了公元9—13世纪世界石窟艺术的最高水平，是人类石窟艺术史上最后的丰碑。它从不同侧面展示了唐、宋时期，中国石窟艺术风格的重大发展和变化，具有前期石窟不可替代的历史、艺术、科学价值，并以规模宏大、雕刻精美、题材多样、内涵丰富、保存完好而著称于世。

品　　牌	宝顶牌
品　　名	宝顶大曲
生产厂家	四川大足曲酒厂
产　　地	四川
生产年份	1988 年

1999 年 12 月，以宝顶山、北山、南山、石门山、石篆山"五山"为代表的大足石刻，被联合国教科文组织列入"世界遗产名录"，是重庆唯一的世界文化遗产。

大足石刻现为全国重点文物保护单位，重庆十大文化符号之一。作为晚期石窟艺术代表作的大足石刻在吸收、融化前期石窟艺术精华的基础上，以鲜明的民族化、生活化特色，成为具有中国风格的石窟艺术的典范，与敦煌、云冈、龙门等石窟一起构成了一部完整的中国石窟艺术史。

大足石刻"三教"造像俱全，以南山摩崖造像为代表的13世纪中叶的道教造像，是中国这一时期雕刻最精美、神系最完备的道教造像群。从总体上看，"五山"摩崖造像基本上保持了历史的规模、原状和风貌。

大足石刻的千手观音是国内唯一真正的千手观音，有1006只手。宝顶山大佛湾造像长达500米，气势磅礴、雄伟壮观，布局构图严谨，教义体系完备，是世界上罕见的有总体构思、历经七十余年建造的一座大型石窟密宗道场，显示的故事内容和宗教、生活哲理，对世人晓之以理，动之以情，诱之以福乐，威之以祸苦。南山、石篆山、石门山摩崖造像精雕细琢，是中国石窟艺术群中不可多得的释、道、儒"三教"造像的珍品。

渔阳酒

渔阳酒得于自然。渔阳有盘山和盘泉，盘山风光迤逦，还盛产具有奇特功效的麦饭石。麦饭石能浸泡解析水中矿物质和丰富的微量元素，对人体颇有益处。麦饭石是盘泉水化学成分形成的物质基础，雨水是泉水的唯一补给源，盘泉水具有高硅低纳的优点，是天然优质的矿泉水。

好山好水酿好酒，史书记载：酒，乃渔阳之大宗产物，要地均有，每日酒车不绝运往北京。

天津渔阳酒业始建于清朝同治年间，时称"兴泰德烧锅"，是当时全国十大宫廷御酒之一。末代皇帝溥仪的弟弟溥佐考证后，为渔阳酒业题字"昔日宫廷御酒，今日渔阳玉液"，显示了渔阳酒的历史和荣誉。

渔阳酒业精选优质高粱、玉米、小麦、大麦、豌豆和天然纯净的盘山矿泉水酿制而成。酒质清澈透明，窖香浓郁，酒体丰满协调，香气幽雅舒适，入口醇和，多次获奖。

品　　牌　渔阳牌
品　　名　渔阳春
生产厂家　湖南长沙渔阳实业公司
产　　地　湖南
生产年份　1990 年

以 "春" 字为名的酒

中国酒名
为何带"春"字的多？

春天，是一年之始。温暖的春风吹遍了大地，万物复苏，人们对春天充满了憧憬。历代圣贤和诗人，写下了许多赞美春天和酒的诗词，流传至今仍不朽。

我国古代的酒名，出现最多的一个字是"春"。所以，"春"不仅意指春天，还是"酒"的转喻。古有"春酒"一说，含义有三：一是指春季酿制的酒；二是指春季酿成的酒；三是指在春节期间宴请亲友。

"春"表示"酒"的含义始于南北朝，盛于唐朝。把酒直接称之为"春"或许起于隋朝，在四川出土的隋代朝酒罐上，已经出现具有"春"字寓意的花草纹样，但最盛行的时期是唐宋时期。古人将酒称之为"春酒""春醪"，就是取其生机勃勃的生命感发之意。

其实，古时有不少有名的春酒。古代产于湖北江陵的"富水春"、产于浙江湖州的"若下春"、产于河南荥阳的"上窟春"、产于陕西富平的"石东春"、产于四川绵阳的"剑南之烧春"、产于成都的"锦江春"，都是有历史文献记载的著名春酒。

宋代的名酒也多有"春"字，如百花春、思堂春、堂中春、锦江春、武陵春、洞庭春、金陵春、曲来春、木兰春、景阳春、中山春。宋代流行用黄柑酿酒，名为"洞庭春色"。

"春"为一年之始，大地更新，生命又开始了一个轮回，因此"春"字用在药酒名上，表明它有补体健身、恢复青春的功能，如贵常春、龟灵春、老龄春等酒。

古人关于酒的诗句不可胜数，文人与酒的关系，到陶渊明，已经几乎是打成一片了。陶渊明诗中多言酒，即使不见酒字，亦自有酒趣。古人以春酒应合春意，诗人常以春草、春晖、春水、春鸟、春声等为意象，把酒的活力放在"春"字上来表现。比如，陶渊明有诗云："欢言酌春酒，摘我园中蔬。"表达了诗人隐居乡间的乐趣，把自己、春酒与春光三者融为一体，透出隐者放情自然的美好意愿。

从中医来分析，酒性温热，其味辛辣，为五谷之精华所在，饮之不但能兴阳，还能和畅周身血脉，心情不爽或血脉不畅时适当饮酒，有益于健康。借酒以调畅情绪，当然也是不错的选择。

以春为酒名，唐宋时期比较盛行。主要是因为这三点原因：一是古代的酒多半是冬酿春熟，人们叫它春酒；二是魏晋以来，出现了一种做春酒的酒曲，于是就把用春酒曲酿的酒很自然地叫作春酒了；三是"春"有春天之意，寓意春意盎然、生机勃勃，故深受人们的喜爱。

如今酒业繁荣，不是过去任何一个时代所能比拟的，据不完全统计，全国规模以上的酒类生产企业就有一两千家，而酒类品牌更是多达近万个。今时还有不少用"春"为名的酒，均是以"春"代酒。除了以"春"字命名，酒名中用得最多的，还有"福""醇"等名字。

春天是活力四射的季节，温暖的春风吹遍了每一个角落。春天是美的融合，是色彩的总汇。

春天使人高兴，春天使人欢乐。饮了春天酿成的酒，会从中享受快乐。因为春天是个充满希望的季节。

品　　牌　蜀银牌
品　　名　蜀银春酒
生产厂家　四川省蜀银酒厂
产　　地　四川
生产年份　1983 年

品　　牌　蜀银春牌
品　　名　蜀银春酒
生产厂家　四川中国糖业酒业公司
产　　地　四川
生产年份　1982 年

品　　牌　西岭牌
品　　名　西岭春特曲
生产厂家　四川国营大邑第二酒厂
产　　地　四川
生产年份　1986 年

品　　牌　鹿麟牌
品　　名　健身黄酒
生产厂家　国营四川古兰郎曲酒公司
　　　　　凤凰曲酒厂
产　　地　四川
生产年份　1988 年

品　　牌　古龙春牌
品　　名　古龙春大曲
生产厂家　四川省内江市古龙春曲酒厂
产　　地　四川
生产年份　1986 年

品　　牌　长江大桥牌
品　　名　剑南春
生产厂家　四川省粮油食品进出口公司
产　　地　四川
生产年份　1983 年

品　　牌　发发春牌
品　　名　发发春酒
生产厂家　四川绵竹外贸酿酒厂
产　　地　四川
生产年份　1987 年

品　　牌　竹茅牌
品　　名　竹茅春酒
生产厂家　四川省绵竹市竹茅春酒厂
产　　地　四川
生产年份　1991 年

剑南春

　　剑南春产于四川省绵竹市，其前身当推唐代名酒"剑南烧春"，属于浓香型白酒。

　　剑南春酒精选优质的高粱、糯米等粮食为原料，用优质的小麦制作成大曲，采取"红糟盖顶、低温入池、双轮底增香发酵、回沙回酒、去头截尾、分段接酒"等特殊的酿造工艺，然后再在陈年老窖中经过多年贮存发酵，不断精心勾兑和调味，才酿制而成。

　　剑南春酒芳香浓郁，清澈透明，醇和甘甜，舒爽绵长，余香悠长，形成独特的曲酒香味。早在 1922 年，绵竹剑南春就在川酒中脱颖而出，在四川省第七次劝业会上获一等奖。中华人民共和国成立后，在第三、四、五届全国评酒会上，连续三次蝉联全国名酒称号，并荣获金奖。

　　剑南春在 1988 年的香港第六届国际食品展览会上荣获金花奖；1992 年又获德国莱比锡秋季博览会金奖。伴随着剑南春获得的一个个美誉，剑南春不断飘香国内外，享誉全世界。

品　　牌　武邑牌
品　　名　花园春
生产厂家　河北省武邑县酒厂
产　　地　河北
生产年份　1985 年

安次迎春酒

　　河北安次县酒厂酿制的迎春酒，酱香突出，醇香黎郁，后味绵长，回味纯正，是酱香型麸曲白酒。

　　迎春酒以红高粱为酿酒原料，用麸皮制曲。工艺特点是：清蒸混烧，池外堆积生香，新酒分存半年至一年以上。它是河北省白酒的后起之秀。1979 年，在全国第三届评酒会上，被评为全国优质酒。

迎春酒

　　河北廊坊产，酱香型，采用固体发酵工艺，选育优良微生物精工细作酿造而成，在河北当地被誉称"北方小茅台"。

品　　牌　釜阳春牌
品　　名　釜阳春酒
生产厂家　中日合资釜荣酿酒有限公司
产　　地　河北
生产年份　1992 年

品　　牌　鹿泉春牌
品　　名　鹿泉春
生产厂家　石家庄市制酒厂
产　　地　河北
生产年份　1989 年

品　　牌　鱼花香牌
品　　名　醉老春
生产厂家　河北喜逢春酒厂
产　　地　河北
生产年份　1993 年

品　　牌　桂河春牌
品　　名　桂河春
生产厂家　湖北保康县酒厂
产　　地　湖北
生产年份　1988 年

御河春

　　御河春，是河北沧州市出产的一款麸曲浓香型白酒。它是以优质红粱为原料，加多种产酯酵母，利用乙酸菌增香，采用传统泥池固态发酵、陈酿工艺而制成。御河春为河北省著名商标。

品　　牌　御河春牌
品　　名　御河春
生产厂家　河北省沧州市制酒厂
产　　地　河北
生产年份　1988 年

品　　牌　御河春牌
品　　名　御河春
生产厂家　河北沧州市制酒厂
产　　地　河北
生产年份　1992 年

百泉春酒

　　河南辉县北部有非常多的泉眼，人们称之为"百泉"，著名的有珍珠泉和搠立泉。百泉春酒是河南省名酒之一，早在北宋时期，就非常有名了。百泉春酒酿造水源以百泉泉水为主，用麸曲代替酒曲，是典型的酱香型白酒。

　　百泉春酒酒体透明清亮、酱香浓郁，包括了五福寿酒、新乡精神系列、南太行洞藏系列、长寿酒系列等五个系列。

品　　牌　豫南牌
品　　名　豫南春
生产厂家　地方国营豫南汾酒厂
产　　地　河南
生产年份　1989 年

品　　牌　豫南牌
品　　名　豫南春
生产厂家　中国豫南汾酒厂
产　　地　河南
生产年份　1989 年

品　　牌　冰堂春牌
品　　名　冰堂春大曲
生产厂家　河南省滑县冰堂春酒厂
产　　地　河南
生产年份　1988 年

品　　牌　青荷牌
品　　名　百岁春
生产厂家　河南宝丰酒厂
产　　地　河南
生产年份　1984 年

品　　牌　浮来春牌
品　　名　浮来春原浆
生产厂家　山东浮来春酒厂
产　　地　山东
生产年份　1994 年

品　　牌　浮来春牌
品　　名　浮来春酒
生产厂家　国营山东浮来春酒厂
产　　地　山东
生产年份　1994 年

春酩液

　　春酩液酒属大曲浓香型白酒,由天津市静海县酿酒厂生产。静海酿制白酒在清末已具盛名。史载,静海县的"独流镇白酒"为我国名产,销售于全国各地。

　　春酩液投产于1982年,以优质高粱为原料,小麦中温大曲为糖化发酵剂,运用人工老窖,经配料清蒸、混醅续、双轮底发酵、分层蒸馏、分坛陈贮、精心勾兑酿制而成。该酒无色透明,酒质醇和香郁,入口甘绵,回味悠长。

古贝春酒

　　古贝春酒1952年始建于山东,曾获得山东省白酒感官评分第一名,是一款浓香型纯粮优质白酒。许多人都很喜欢这种口感,现已广泛流传,在河北、河南等地,古贝春酒已是无人不知,消费者称其为物美价廉的白酒品牌。

云门春酒

　　云门春酒享有"鲁酒之峰,江北茅台"的美誉,占据了"北派酱香"的地位,是中国酱香型白酒国家标准三大制定企业之一(云门、茅台、郎酒)。

品　　牌　齐云春牌
品　　名　齐云春酒
生产厂家　山东毕县酒厂
产　　地　山东
生产年份　1991 年

品　　牌　玫城牌
品　　名　玫城春特曲
生产厂家　山东平阴酒厂
产　　地　山东
生产年份　1992 年

品　　牌　墨湖牌
品　　名　墨湖春酒
生产厂家　山东高密糖厂
产　　地　山东
生产年份　1981 年

品　　牌　寿阳春牌
品　　名　寿阳春酒
生产厂家　国营寿光酒厂
产　　地　山东
生产年份　1983 年

品　　牌　麻大湖牌
品　　名　燕乐春酒
生产厂家　国营博兴酒厂
产　　地　山东
生产年份　1982 年

品　　牌　朱河牌
品　　名　又一春
生产厂家　国营山东省宁津县酿酒厂
产　　地　山东
生产年份　1997 年

品　　牌　朱河又一春牌
品　　名　又一春喜酒
生产厂家　山东宁津酒业（集团）
　　　　　股份有限公司
产　　地　山东
生产年份　1994 年

品　　牌　颜陵牌
品　　名　颜陵春特曲
生产厂家　山东陵县酿酒有限公司
产　　地　山东
生产年份　1992 年

龙泉春

龙泉春酒属浓香型麸曲白酒。酒液无色透明,窖香浓郁芬芳,酒质醇和绵润，入口甘甜爽冽，尾净余香持久。酒度分成59度、54度、39度三种。

吉林省辽源市坐落在富饶的辽河平原上。清澈、甘冽的辽河水为酿酒奠定了得天独厚的基础。辽源市古为西安县，酿酒历史较久,因酒厂地处东辽河源头,坐落在长白山脉之龙首山麓，山下有镇龙古井亭，民间称为"镇龙亭"，亭内井水奇异，色如清泉，闻有郁香，可谓酿酒佳泉。龙泉春以此井泉水酿制而成，故取名龙泉春。

芦台春

芦台春酒酿酒用水源自燕山山脉，几经矿化，水中含适量的氧气，属弱碱性纯天然矿泉水，是白酒酿造的最佳水质。特定的自然条件赋予芦台春酒独特的风味，久而久之芦台产好酒便名声在外，芦台春酒由此得名。

梅岭春酒

被誉为东北董酒，由数十种草药制成的大曲、小曲为发酵剂，发酵180天，再以小曲酒反烤香醅精致而成。梅河口古称海龙，地处半山区，物产以谷物、水果、药材为主，这里盛产玉米、稻米、葡萄、苹果、山里红、人参、鹿茸等，又有甘冽的泉水，适于酿酒业发展。

品　　牌　燕岭春牌
品　　名　燕岭春曲酒
生产厂家　北京市昌平酒厂
产　　地　北京
生产年份　1984 年

燕岭春酒

　　燕岭春酒选用优质高粱、小麦为原料，依照酱香型的传统工艺操作，经双蒸续渣，堆积生香，长期发酵，缓慢馏酒，贮存老熟，勾兑调配等方法酿制成。酒液清澈透明，酱香突出，香气馥郁，醇厚味长，入口绵柔醇和，饮后回甜，余香悠长，具有酱香型的典型性。燕岭春酒曾于1981年被评为北京市优质产品。

　　昌平县位于北京市西北部，是北京市著名的产酒地区，该地区在新石器时代中期已经开始酿酒。昌平酿酒厂于1974年开始试制麸曲酱香型白酒，于1977年投入生产。因该厂位于燕山之麓，故取名为燕岭春。

松江春酒

　　采用传统"清蒸两次清"工艺，以大麦、豌豆制曲为糖化发酵剂，经地缸发酵，存贮、勾兑精酿而成。松江春具有清香型白酒的典型风格。酒液无色，清亮透明，清香纯正，酒质醇厚，口感柔和，自然协调，回味悠长，尾子干净。1980年投产此酒。

　　酒厂位于松花江畔，地处松嫩平原，《太平广记》载：唐武宗会昌元年"扶余国贡澄明酒，色紫如膏，饮之令人骨香"。辽代"能酿糜为酒"。

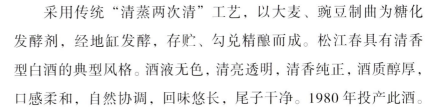

品　　牌　松江春牌
品　　名　松江春酒
生产厂家　吉林省扶余县第一酿酒厂
产　　地　吉林
生产年份　1988年

品　　牌　黔春牌
品　　名　黔春酒
生产厂家　贵州省国营贵阳酒厂
产　　地　贵州
生产年份　1991 年

黔春酒

品　　牌	贵常春牌
品　　名	贵常春酒
生产厂家	贵州省贵定县国营酒厂
产　　地	贵州
生产年份	1989 年

黔春酒是颇负盛名的贵州好酒。

进入 20 世纪 70 年代后，贵阳酒厂被列为省重点酿酒企业，拥有浓香型和酱香型两大香型酒，可年产 2000 吨国家名优酒。20 世纪 80 年代初期，贵阳酒厂和贵州省轻工研究所联合研发，从茅台大曲中优选出几株产酱香明显的嗜热芽孢杆菌，配合其他麸曲酵母，于 1976 年开始作扩大试验，1981 年在国内首次成功开发麸曲酱香型白酒——黔春酒。在全国第五次评酒会上荣获国家优质酒称号及银质奖。

黔春酒的酿造，算是酱香酒领域的一次新突破，也是匠心的体现。它以优质高粱、小麦和甘美纯净之山泉为原料，选择从茅台酒醅分离的菌株和麸皮制成麸曲及酵母为糖化发酵剂，采用酱香型工艺，经清蒸续渣，加曲堆积，石窖发酵，蒸馏摘酒，贮存陈酿，勾兑调味等工序酿成。其工艺独特，秉持大曲酱香的生产工艺，酿制出来的酒，清澈透明，酱香明显，幽雅细腻，酒体醇厚、绵甜，入口醇和，回味悠长。

品　　牌	金壶春牌
品　　名	金壶春酒
生产厂家	贵州省平坝酒厂
产　　地	贵州
生产年份	1988 年

品　　牌　槐江春牌
品　　名　槐江春大曲
生产厂家　贵州省遵义绥阳县糖酒公司酿酒厂
产　　地　贵州
生产年份　1988 年

品　　牌　茅春牌
品　　名　茅春醇酒
生产厂家　贵州怀仁茅春酒厂
产　　地　贵州
生产年份　1986 年

品　　牌　黔北春牌
品　　名　黔北春酒
生产厂家　贵州遵义务川酿酒厂
产　　地　贵州
生产年份　1987 年

品　　牌　颐年春牌
品　　名　颐年春酒
生产厂家　贵州德江酒厂
产　　地　贵州
生产年份　1986 年

品　　牌　颐年春牌
品　　名　颐年春酒
生产厂家　贵州德江酒厂
产　　地　贵州
生产年份　1988 年

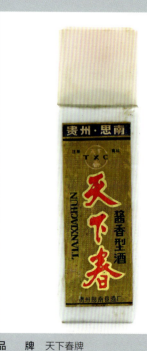

品　　牌　天下春牌
品　　名　天下春酒
生产厂家　贵州思南县酒厂
产　　地　贵州
生产年份　1987 年

筑春酒

品　　牌　茅春牌
品　　名　茅春老窖
生产厂家　贵州怀仁茅春酒厂
产　　地　贵州
生产年份　1994 年

品　　牌　黔春牌
品　　名　黔春酒
生产厂家　贵阳酒厂
产　　地　贵州
生产年份　1988 年

　　筑春酒是唯一荣获中国人民解放军"八一"优质产品奖章的企业，因为从一开始就生产酱香酒，所以被称之为"军中茅台"。

　　贵州筑春酒厂（原贵州省军区酒厂）始建于1956年，由于工厂地处贵阳，而贵阳又称为筑城，因此所生产的酒就叫筑春酒。

　　1981年到1985年期间，年产酱香酒已经达到了2500吨；1988年获得国家优质酒称号。1998年，贵州省军区酒厂移交地方政府，全厂搬至茅台镇异地改造。

　　从1998年开始，筑春酒由麸曲酱香酒向大曲酱香酒过渡。2002年酒厂更名为贵州筑春酒厂，为了适应市场，研发了不少大曲酱香酒。目前茅台镇仅有两家国营酿酒企业，一个是茅台酒业，另外一个就是筑春酒业，而且筑春酒业还是国有独资。除了茅台酒之外，其他能在包装或是酒瓶上含有"茅台"二字的，也就只有筑春酒了。

　　筑春酒业的嫡系产品有筑春三十年陈酿、筑春二十年精品、筑春品鉴（十五年）这三个年份老酒，占30%。筑春元青花、筑春十年、筑春荣耀1988，分别是十年和八年的年份老酒，占25%，都是采用大曲工艺。另外，定制酒也非常著名，品质也相对较好。代表产品有筑春铁盖精品玻璃装、筑春1988复古瓶型装、筑春陈酿、筑春钻石蓝色商务版、筑春钻石黑红白、筑春熊猫1988、筑春步步高升、筑春生肖系列。

品　　牌　三游春牌
品　　名　三游春酒
生产厂家　湖北宜昌酒厂
产　　地　湖北
生产年份　1986 年

品　　牌　剑潭春牌
品　　名　剑潭春酒
生产厂家　湖北枣阳市酒厂
产　　地　湖北
生产年份　1994 年

品　　牌　楚黔牌
品　　名　楚黔窖酒
生产厂家　湖北省咸宁市酒厂
产　　地　湖北
生产年份　1980 年

品　　牌　随园春牌
品　　名　随园春酒
生产厂家　湖北省随州市国营酒厂
产　　地　湖北
生产年份　1991 年

品　　牌　随园春牌
品　　名　随园春酒
生产厂家　湖北省随州市国营酒厂
产　　地　湖北
生产年份　1991 年

品　牌	向阳牌
品　名	荣春酒
生产厂家	中国大连酒厂
产　地	辽宁
生产年份	1992 年

品　牌	赛赛春牌
品　名	独一春酒
生产厂家	沈阳市赛赛春酿酒厂
产　地	辽宁
生产年份	1996 年

品　牌	庄岭牌
品　名	玉春酒
生产厂家	辽宁大连庄河县长岭果品加工厂
产　地	辽宁
生产年份	1983 年

品　牌	红梅牌
品　名	鸳鸯春酒
生产厂家	沈阳老龙口酒厂
产　地	辽宁
生产年份	1986 年

品　牌	柳林春牌
品　名	柳林春酒
生产厂家	陕西西凤酒厂
产　地	陕西
生产年份	1984 年

品　牌	梅兰春牌
品　名	梅兰春优曲
生产厂家	江苏国营泰州酒厂
产　地	江苏
生产年份	1998 年

品　　牌　山泉春牌
品　　名　山泉春酒
生产厂家　黑龙江省宁安酒厂
产　　地　黑龙江
生产年份　1984 年

品　　牌　龙江春牌
品　　名　龙江春酒
生产厂家　黑龙江省阿城县白酒厂
产　　地　黑龙江
生产年份　1985 年

品　　牌　红梅牌
品　　名　春常在酒
生产厂家　中国粮油食品进出口公司
　　　　　黑龙江分公司
产　　地　黑龙江
生产年份　1993 年

品　　牌　龙乡牌
品　　名　龙乡春酒
生产厂家　哈尔滨龙乡酒厂
产　　地　黑龙江
生产年份　1989 年

品　　牌　笠帽山牌
品　　名　八宝春特曲
生产厂家　安徽铜陵县酒厂
产　　地　安徽
生产年份　1988 年

品　　牌　漆园春牌
品　　名　漆园春酒（正面）
生产厂家　安徽蒙城酒厂
产　　地　安徽
生产年份　1987 年

品　　牌　漆园春牌
品　　名　漆园春酒（反面）
生产厂家　安徽蒙城酒厂
产　　地　安徽
生产年份　1987 年

品　　牌　皖蜀牌
品　　名　皖蜀春酒
生产厂家　安徽皖蜀春酒厂
产　　地　安徽
生产年份　1996 年

品　　牌　罗城牌
品　　名　罗城春酒
生产厂家　湖南湘阴罗城春酒厂
产　　地　湖南
生产年份　1997 年

品　　牌　伊疆春牌
品　　名　伊疆春酒
生产厂家　新疆霍城县酒厂
产　　地　新疆
生产年份　1993 年

品　　牌　玉堂春牌
品　　名　玉堂春酒
生产厂家　山西洪洞县酒厂
产　　地　山西
生产年份　1986 年

品　　牌　梨花牌
品　　名　梨花春酒（正面）
生产厂家　山西省国营应县酒厂
产　　地　山西
生产年份　1989 年

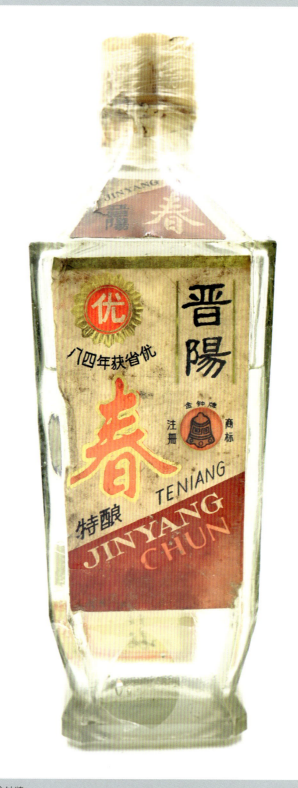

品　　牌　金钟牌
品　　名　晋阳春特酿
生产厂家　山西太原徐沟酒厂
产　　地　山西
生产年份　1989 年

品　　牌　喜迎春牌
品　　名　贵宾春酒
生产厂家　河北省芦台农场制酒厂
产　　地　河北
生产年份　1987 年

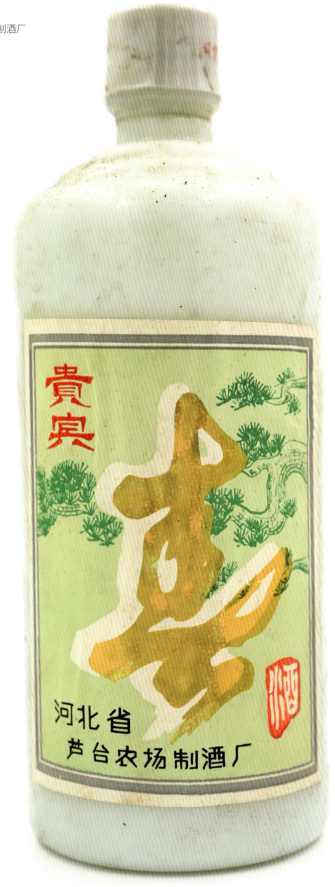

酒文化知识

怎么区分白酒等级

白酒等级分为优级、一级、二级。主要表现在香味、成分的含量上。

国家标准 GB/T 10781 中，两者都是粮食酒。GB 是"国家标准"的缩写，T 是"推荐"的意思，所以 GB/T 就是符合国家生产标准，获批可售卖的产品。

白酒厂在生产过程中，受原料、工艺、季节、酒窖，甚至大师傅水平的影响，酒的质量有所不同。为迎合消费者需要，受成本、售价影响，采用的标准等级也有区别。

除了 GB 之外，还有 HB、DB、QB，分别是"行业标准"、"地方标准"以及"企业标准"。

白酒的分类

白酒在酒类当中是一大类，但其品种繁多，还能分若干类别，主要有以下几种：

一、按照原料分类

1. 粮食酒。如：高粱酒、玉米酒、大米酒等，这类酒的原料主要是粮食作物。

2. 瓜干酒。有的地区称红薯酒、白薯酒，其实只要农作物里含有淀粉就可以拿来酿酒。

3. 代用原料酒。如：粉渣酒、豆腐渣酒、高粱糠酒、米糠酒等。

二、按照使用酒曲（按糖化发酵剂）分类

1. 大曲酒：是以大曲做糖化发酵剂生产出来的酒，大曲又分为中温曲、高温曲和超高温曲。

2. 小曲酒：是以小曲做糖化发酵剂生产出来的酒，主要原料有：稻米。

3. 麸曲酒：是以麦麸做培养基接种的纯种曲霉做糖化剂，用纯种酵母为发酵剂生产出来的酒。

三、按照发酵方法分类：

1. 固态法白酒，就是将原料固态发酵和固态蒸馏而成，是我国传统蒸馏工艺，如茅台酒。

2. 液态法白酒，就是原料液态发酵后，经过液态蒸馏而成，再经过加工，调配后的普通白酒。

3. 固液法白酒，是指以固态法白酒、液态法白酒勾兑而成的白酒。

四、按照香型分类

1. 浓香型白酒：也称为泸香型、窖香型、五粮液香型，属大曲酒类。

2. 酱香型白酒：也称为茅香型，酱香突出，幽雅细致，酒体醇厚，清澈透明，回味悠长。

3. 米香型白酒：也称为蜜香型，以大米为原料，小曲作糖化发酵剂，经半固态发酵酿成。

4. 清香型白酒：也称为汾香型，以高粱为原料清蒸清烧、地缸发酵，具有以乙酸乙酯为主体的复合香气。

5. 兼香型白酒：以谷物为主要原料，经发酵、贮存、勾兑酿制而成。

6. 凤香型白酒：香与味、头与尾协调一致，属于复合香型的大曲白酒。

7. 豉香型白酒：以大米为原料，小曲为糖化发酵剂，半固态液态糖化边发酵酿制而成。

8. 药香型白酒：清澈透明，香气典雅，浓郁甘美，略带药香，协调醇甜爽口，后味悠长。

9. 特香型白酒：以大米为原料，富含奇数复合香气，香味协调，余味悠长。

10. 芝麻香型白酒：以焦香、糊香气味为主。

11. 老白干香型白酒：以酒色清澈透明、醇香清雅、甘冽挺拔、诸味协调而著称。

五、按产品档次分类

1.高档酒：价格贵，但是原料最好和工艺精湛，发酵期和贮存期都比较长，酒品质也是白酒中最好的一种，如名酒类和特曲、特窖、陈曲、陈窖等。

2.中档酒：工艺比较复杂，发酵期和贮存期稍长、售价中等的白酒，有我们熟悉的大曲酒、杂粮酒等。

3.低档酒：如瓜干酒、串香酒、调香酒、粮香酒和散装白酒等。

六．按酒精含量分类

高度酒：主要指 60 度左右的酒。

降度酒：一般降为 54 度左右的酒。

低度酒：一般是 39 度以下的白酒。

品　　牌　神仙牌
品　　名　神仙珍品
生产厂家　上海神仙酒厂
产　　地　上海
生产年份　1980 年

不同标准分类的白酒

大曲酒：以大曲为糖化发酵剂，大曲的原料主要是小麦、大麦，加上一定数量的豌豆。大曲又分为中温曲、高温曲和超高温曲。一般是固态发酵，大曲酒所酿的酒质量较好，多数名优酒均以大曲酿成。

小曲酒：小曲是以稻米为原料制成的，多采用半固态发酵，南方的白酒都是小曲酒。

麸曲酒：这是中华人民共和国成立后在烟台操作法的基础上发展起来的，分别以纯培养的曲霉菌及纯培养的酒母作为糖化发酵剂，发酵时间较短，由于生产成本较低，为多数酒厂采用。此种类型的酒产量最大，以大众为消费对象。

混曲法白酒：主要是大曲和小曲混用所酿成的酒。

其他糖化剂法白酒：这是以糖化酶为糖化剂，加酿酒活性干酵母或生香酵母，发酵酿制而成的白酒。

半固、半液发酵法白酒：这种酒是以大米为原料，小曲为糖化发酵剂，先在固态条件下糖化，再于半固态半液态下发酵，而后蒸馏制成的白酒。

勾兑白酒：这种酒是将固态法白酒（不少于 10%）与液态法白酒或食用酒精按适当比例进行勾兑而成的白酒。

液态发酵法白酒：又称"一步法"白酒，生产工艺类似于酒精生产，但在工艺上吸取了白酒的一些传统工艺，酒质一般较为清淡；有的工艺采用生香酵母加以弥补。

调香白酒：这是以食用酒精为酒基，用食用香精及特制的调香白酒调配而成。

品　　牌　好汉牌
品　　名　梁山好汉
生产厂家　山东梁山酿酒厂
产　　地　山东
生产年份　1990 年

中国白酒的七大名派

川派 川派最有名的代表就是六朵金花，分别是五粮液、泸州老窖、剑南春、沱牌曲酒、全兴大曲、郎酒。四川的浓香型白酒很有特色，都是开盖带浓香，而且香气张扬，浓烈自然，口感柔甜，能在四川生存下来的白酒全是实力派。

黔派 黔派主要有茅台、习酒、国台、钓鱼台、董酒。贵州酒整体实力虽比不上四川，但"美酒河"酱酒起源地这一称号，是其他地方无法比拟的。

苏派 苏派主要有洋河、今世缘、汤沟、双沟。江苏是我国著名的酒产地之一，作为绵柔浓香白酒的代表，江苏酒的度数普遍低于川派浓香白酒。

晋派 晋派主要有汾酒、竹叶青、汾酒王。对大多数酒友来说，汾派的竹叶青是最常选的，口感好，性价比很高。晋派白酒以清香为主，具有清香纯正、纯甜柔和、自然协调、余味爽净的特点。

鲁派 鲁派主要有八大金刚，分别是：景芝酒、泰山酒、兰陵酒、孔府家酒、趵突泉、古贝春、扳倒井、琅琊台。山东也是出了名的喝酒大省。山东的白酒，清冽可口，芝麻香味突出，酒味醇厚，余味悠长。

豫派 豫派有杜康、宋河、张弓、仰韶。河南地处中原，酿造出来的浓香型白酒，是清香和浓香的结合，口感淡雅，自然纯正，醇厚协调。

皖派 皖派主要有古井贡、口子窖、迎驾贡酒、宣酒。其中最著名的就是有"酒中牡丹"之称的古井贡酒，是中国八大名酒之一。

品　　牌　沛公牌
品　　名　沛公酒
生产厂家　江苏国营沛县酒厂
产　　地　江苏
生产年份　1992 年

白酒为什么不标保质期

1. 酒精本身就杀菌。经过科学实验，一些有害微生物即使在酒精含量 10% 的液体里，也不能生长繁殖，不产生有害物质。

2. 度数高的白酒化学变化非常小，加上现在密封技术发达，所以不需要标注保质期。

3. 一些低度白酒不适合长期存放，因为即便白酒密封再好，也会因为长时间存放而"透气"，导致酒精挥发，微生物繁殖，使酒变味。

白酒为什么是陈的香

1. 白酒的成分非常复杂，专家经过多年研究，已经知道白酒中散发香味的物质是乙酸乙酯。但是，新酒中乙酸乙酯的含量非常少，而醛、酸物质很多。这些物质不仅没有香味，还会刺激喉咙，所以新酿的酒会非常难喝。

2. 经过存放后，酒里的醛、酸等物质不断地氧化和挥发，逐渐生成具有芳香气味的乙酸乙酯，使酒质醇厚，产生酒香。所以人们说酒是有生命的，每天都在变化。但这种变化的速度很慢，有的名酒往往需要存放几十年的时间，才能使口感达到最佳。我们熟知的茅台酒，从酿造到出厂就需要 5 年时间。

3. 有一些白酒在生产过程中，会添加香精、香料。长时间储存后，香精、香料会发生变化，酒的味道也随之发生变化。

品　　牌　东壁牌
品　　名　李时珍补酒
生产厂家　湖北蕲春李时珍药厂
产　　地　湖北
生产年份　20 世纪 80 年代

敬酒罚酒，为什么都要三杯？

古代祭祀有"三茶五酒"的说法，也有"三杯酒"的做法。这里的三，通常是指"天地人"三者。回到酒桌上，无论是敬酒还是罚酒，都是三杯，也是有原因的。

《礼记·玉藻》记载："君子之饮酒也，受一爵而色酒如也，二爵而言言斯，礼已三爵而油油，以退。"这是古代饮酒礼节的佐证。所以普通的敬酒，即以这三爵为度。

"三爵酒"即——主人先敬一杯酒，向客人暗示"酒里无毒"，客人便会安心饮用；接着主人为了感谢客人的到来，会第二次敬酒；主人为了"劝君更进一杯酒"，按照礼仪，会继续敬第三杯酒。演变到今天，为了表达敬意，往往就需要连敬三杯了。

三，这个数，古代人理解为圆满。罚酒三杯，即由圆满之意引申而来的。当被罚者连喝三杯酒，说明他有了完全认错之意。不过，现代的连喝三杯，已经成了朋友间活跃气氛或者劝酒的说辞。

品　　牌　龟牌
品　　名　群龙神龟滋补酒
生产厂家　贵州群龙神工贸易有限公司
产　　地　贵州
生产年份　2001 年

品　　牌　不详
品　　名　煮酒
生产厂家　湖南武功山大曲酒厂
产　　地　湖南
生产年份　1980 年

如何辨别白酒的香气

白酒的酒体内含有上百种微量物质，呈现出来的是一种复合香，其中这几种香最为常见，也最容易被分辨出来。

陈香　陈香是好酒必不可少的香味，又可以细分为老陈、窖陈、酱陈、油陈等多种不同风格。

浓香　此浓香是指各种香型白酒，突出自己的主体香气和复合香气，可分为窖底浓香和底槽浓香。

糟香　糟香是固态法白酒的重要特点之一，略带焦香气，是经过长时间发酵的母糟才有的特殊香气。

曲香　曲香是指高中温大曲发酵的白酒中所含有的香气，也是空杯留香的主要成分。

粮香　粮香是每种酿酒的粮食都具有的独特的香气，这也是识别粮食酒的重要标志。

窖泥香　老窖泥的香气比较舒服细腻，浓香型白酒中的底槽酒含有令人舒服的窖泥香气。

人为什么要喝酒

人为什么要喝酒？喝酒的人爱上的不是酒，而是那种感觉。

喝酒是一种感情的释放，心灵上的解压。人爱的不是酒，而是端起酒杯，将心事融入酒中；酒在杯中，杯在手中；话在酒里，情在心里。

白酒是一种独特的中国饮品，自古以来就受到中国人的喜爱和推崇。白酒中的乙醇能够在分解过程中释放出大量的热量，中国人体质偏寒更适合喝白酒。

在中国，酒还是一种必不可少的社交工具。

中国白酒的香型及典型代表

按香型分类，白酒可分出酱香型、浓香型、清香型、米香型、凤香型、兼香型、药香型、芝麻香型、特型、豉香型、老白干型、馥郁香型等 12 种香型。

1. 浓香型

这是白酒市场上占比最多的一种香型。这种香型的白酒，以酒香浓郁、绵柔甘洌、入口绵、入口甜、尾子干净、回味悠长以及饭后尤香而著称。浓香型白酒阵营也分为几大类：一种是以五粮液酒为典型的循环式跑窖法；另一种是泸州老窖为代表的以高粱为原料的定窖生产法；还有一种是江淮一带出产的纯浓香型白酒，采用老五甑生产工艺，口感相对前两者更柔和雅致，以洋河、双沟、古井贡、宋河粮液为代表。

2. 酱香型

酒色微黄而透明，酱香、焦香、糊香配合协调，口味细腻、优雅，空杯留香持久。酱香型酒以茅台酒最为经典，因此又称为"茅香型"。

3. 清香型

酒色清亮透明，口味特别爽净，清香纯正，后味很甜。以汾酒为代表，又称为"汾香型"。

4. 米香型

口味柔和，蜜香清雅，入口绵甜，后味怡畅。以桂林三花酒为代表。

5. 兼香型

兼香型又细分为两类：如酱中带浓型，表现为芳香舒适，细腻丰满，酱浓协调，余味爽净悠长，以湖北白云边酒为代表；还有一类是浓中带酱型，酒体诸味协调，口味细腻，余味爽净，以黑龙江的玉泉酒为代表。

6. 药香型

清澈透明，浓香带药香，香气典雅，酸味适中，香味协调，

品　　牌	神仙牌
品　　名	酒仙酒
生产厂家	上海神仙酒厂
产　　地	上海
生产年份	1980 年

尾净味长。代表酒是贵州董酒，又称"董香型"。

7. 风香型

酒液无色透明，醇香秀雅，醇厚丰满，甘润挺爽，诸味协调，尾净悠长，代表酒是陕西西凤酒。

8、芝香型

酒体芝麻香突出，优雅细腻，甘爽协调，尾净，以山东景芝白干酒为典型。

9. 豉香型

酒体玉洁冰清，豉香独特，醇厚甘润，余味爽净。以广东江湾玉冰烧为代表。

10. 特香型

酒色清亮，酒香芬芳，酒味纯正，酒体柔和，诸味协调，香味悠长。代表酒是江西四特酒。

11. 老白干香型

无色或微黄透明，醇香清雅，酒体协调，醇厚挺拔，回味悠长。代表酒是河北衡水老白干。

12、馥郁香型

芳香秀雅、绵柔甘洌，醇厚细腻，后味怡畅，香味馥郁，酒体净爽。代表酒是湖南酒鬼酒。

品　　牌　怀庄牌
品　　名　国书酒
生产厂家　贵州茅台镇茅宴酿酒厂
产　　地　贵州
生产年份　2008 年

中国白酒业在科技上的创新

第一，开辟了酿酒原铺料的广泛性。有高粱、小麦、玉米、大米、糯米、大麦、荞麦等多种原料，公认稻壳作为原铺料最好，充分显示因地制宜的地域特点，生产上把粮香置入酒中，有多粮、单粮、荞香等命名的酒。

第二，开创天然生物为人类服务的先例。白酒是农耕经济的产物，受自然环境的影响，主要是温度、湿度、水质及微生物的影响。明确了曲药的不同，是产生不同风格酒的主要因素，为提高白酒的出酒率、优质品率作出了贡献。

第三，白酒工艺创造了以酸制酸的开放式工艺。为防止杂菌污染，维持长期生产，结合温度和湿度的变化，在调整入窖出窖的酸度、水分、淀粉、酒精浓度上，遵从前缓、中延、后续落的升温规律，作为日常操作的控制因素。

第四，现用的排盖式甑桶蒸馏器，是根据"二锅头蒸馏"原理，经长期实践而得。用这种简易的方法，收集和浓缩了酒醅中的酒精和香味物质，摸索出影响蒸馏的主要因素是：蒸馏时间、乙醇蒸汽的浓度、蒸馏提香层的厚度，并因此引出科学的串蒸工艺。

第五，创建的"勾兑"工序，完善了工艺的不足，提高了酒的产量和质量，稳定了酒的风格，培养了一大批技术人才。

第六，白酒酒体在香味成分上，树立了以乙酸酯为主体香的独特风格，从口感上传承了中国人喜欢的花香味、酱香味和陈醇味，这些风格现在已经深深地扎根在消费者心中。

品　　牌　金鸡牌
品　　名　年年吉酒
生产厂家　国营莱州市酿酒厂
产　　地　山东
生产年份　1991 年

酒的别称

醇碧　色碧、味厚的酒。黄庭坚《醇碧颂》："荆州士大夫家，菉豆曲酒，多碧色可爱，而病于不醇，田子酝成而味厚，故予名之曰'醇碧'而颂之。"

醇酎　味厚之美酒。邹阳《酒赋》："凝醳醇酎，千日一醒。"五代王定保《唐摭言·阴注阳受》："复置醇酎数斗于侧，其人以巨杯引满而饮。"

醇醴　亦作"醕醴"。味厚的美酒。刘向《列仙·酒客》："何以标异？醕醴殊味。"

醇酒　味浓香郁的纯正之美酒。

品　　牌　寿星酒牌
品　　名　参观中南海纪念
生产厂家　不详
产　　地　北京
生产年份　1980 年

人生礼仪中的酒俗

　　出生、结婚、生育等几个人生必经的阶段，每个人概莫能外。自古以来，人类在这些生活阶段中，都有一定的仪式，这就是人生礼仪。每一个重大礼仪，都伴随着众多的仪式和不成文的规矩。酒在人生礼仪的每一个阶段，都如影相随，成为人们表达感情、寄托愿望、活跃交际、增进情谊必不可少的物品。

　　自古以来，中国人最津津乐道的两大喜事是：洞房花烛夜、金榜题名时。婚礼是人生最大的一件喜事，"喜酒"也成了婚礼的代名词。人们口中置办喜酒即办婚事，去喝喜酒即是去参加婚礼。

　　交杯酒，是我国婚礼程序中最高潮的一个传统仪式，在古代又称为"合卺"。唐代时已有交杯酒这一名称，到了宋代，在礼仪上，盛行用彩丝将两只酒杯相连，并绾成同心结之类的彩结，夫妻互饮，或夫妻传饮。这种风俗在我国十分普遍。

　　我国幅员辽阔，各地的婚礼酒俗丰富多彩，千姿百态。

品　　牌　酒鬼酒牌
品　　名　酒鬼酒
生产厂家　湖南省湘西吉首酒业集团
产　　地　湖南
生产年份　20世纪80年代

包装是酒保存的关键

要将老酒长期完好地保存下来，涉及酒精度数、贮存环境、温度、湿度、运输、包装等很多因素，其中包装是关键。

旧中国的酒厂多为私营的作坊，酒的容器大多为陶制的酒坛，由于产量不大，销售以散酒为主，大多供应本地市场。成品酒大多以陶罐陶瓶为主，也有瓷瓶，玻璃瓶的很少。

陶瓶陶罐贮存酒的时间长了，一定会有渗漏，不易长期保存，加之我国地缘广阔，交通不便，异地存酒是很困难的。至今保存60年以上的陈年酒绝大多数是散装酒，均来自酒厂的酒窖。

1949年中华人民共和国成立以后，国家对酒类产品实行专卖制度，成立了中国专卖事业总公司，统一管理各类酒厂的销售。1953年，国家第一个五年计划明确规定：酒精和国家名酒为计划供应之商品，由总公司掌握，统一分配。在此背景下，"玻璃瓶"应运而生。

即使现在，分装酒类的容器性价比最好的是玻璃瓶。瓷瓶成本较高、易碎，而且不透明，不能随时直接观察酒液；陶瓶、紫砂陶等易渗漏；竹筒、皮囊等更不易保存。

使用玻璃瓶装酒最早的，名酒中可查到的是汾酒。泸州老窖也很早就采用了玻璃瓶，茅台一直沿用当地产的上过釉的土陶瓷瓶，1966年以后才使用乳白玻璃瓶至今。

即使采用了玻璃瓶装酒，解决了瓶体的渗漏问题，但大多数瓶装酒，依然没能保存下来。那时的瓶装酒，经常遇到放在家里没几年酒就"不翼而飞"，主要的原因就是封口不过关。那时候瓶装酒的封口主要是软木塞，外封马口铁盖（就像今天的啤酒盖）或铁盖外包塑料胶帽、螺旋式金属盖。

这些封口方式以及封口制作工艺，不能保证瓶装酒不发生挥发、渗漏等现象，也就无法使瓶装酒长期保存。

品　　牌　仙苑牌
品　　名　仙苑窖酒
生产厂家　河北省顺平仙山酒厂
产　　地　河北
生产年份　1989年

古代的酒广告

　　古代酒馆门外都有酒幡，上书"酒"字，就是一则广告。诗仙李白也是酒仙，他为兰陵酒做过一次广告，即为兰陵酒写了一首诗，诗曰：兰陵美酒郁金香，玉碗盛来琥珀光。但使主人能醉客，不知何处是他乡。翻译成现在的话就是：郁金浸制兰陵美酒飘着异香，玉碗盛装的美酒泛着琥珀红光。如果主人拿着美酒让客人喝醉，就不会觉得什么地方是异乡。

　　从古至今，抒发客愁抒发乡思，是诗歌惯见的主题。浮游异乡通常被认为是悲哀的事，然而李白却一反常态，唱出"但使主人能醉客，不知何处是他乡"的爽朗乐观的歌声。这一方面表现诗人豪迈的性格和旷达的胸怀；另一方面也反映了宾主相得、融洽无间的情谊。

　　这首诗也是我国古代的一篇酒广告，对兰陵美酒从"色、香、味、情"进行了综合鉴赏，使后人对兰陵美酒产生了极大的兴趣。

品　　牌　声远牌
品　　名　声远楼特曲
生产厂家　不详
产　　地　山东
生产年份　1980 年

中秋节饮酒习俗

　　饮酒，是伴生于赏月的另一习俗。中秋节饮酒的历史可以追溯至汉代。汉朝的天子在八月里要饮用酿制工艺极其复杂的"酎"酒。唐代已有了登台观月、饮酒对月的活动。

　　宋代太宗时，确定农历八月十五为中秋节，《东京梦华录》中曾记录过汴京中秋节的盛况，而《梦粱录》则记载了南宋临安中秋的热闹。到了明清，祭月、赏月、饮酒之风更是沿袭不断。时至今日，中秋节意味着家人团聚，赏月和饮酒更是必不可少。

　　文献诗词中对中秋节饮酒的反映比较多，《说林》记载："八月黍成，可为酎酒。"五代《天宝遗事》记载，唐玄宗在宫中举行中秋夜文酒宴，并熄灭灯烛，月下进行"月饮"。韩愈在诗中写道："一年明月今宵多，人生由命非由他，有酒不饮奈明何？"

　　到了清代，中秋节以饮桂花酒为习俗。清代潘荣陛的《帝京岁时记胜》记载，八月中秋，"时品"饮"桂花东酒"。直至今日，也还有在中秋节饮桂花酒的习俗。

品　　牌　板桥牌
品　　名　板桥壶酒
生产厂家　山东坊子酒厂
产　　地　山东
生产年份　1992 年

酒文化故事

诗酒结缘的《诗经》

　　《诗经》是我国第一部诗歌总集，也是中国文学史光辉的起点。总共收录了305篇诗歌，其中有50多篇谈到酒、酿酒、宴饮、礼俗、酒器、品评，以及酒的知识，都写得十分精彩。徜徉其中，时时能闻到一股扑鼻的酒香。

　　《诗经》中，酒与政治息息相关，我们可以看到诗人从指责酗酒的角度，尖锐地批判执政者的昏乱、荒淫和腐朽。《大雅·抑》第三章，诗人借老臣之口，尖锐地批判了执政者无休无止地饮酒作乐。由此可见，2500年前，酒就成了无道昏君腐朽的代名词。大禹"以酒亡其国"的预言，并非危言耸听。我们可以从中看到，当时美酒已经成为进贡王室，搞腐败政治的必需品了。

　　在《诗经》中，酒与生活密不可分。通过咏酒，生动地反映了贵族和农民的生活。《豳风·七月》是一篇现实主义杰作，也是风诗中篇幅最长、结构最复杂、内容最丰富的诗篇。此诗通篇叙事，就像一幅长长的农村风俗连环画，是西周社会的一个缩影，叙述了农家男女全年的辛苦，也写了农民的饮酒习惯。在《郑风·女曰鸡鸣》中，诗人用酒赞美了夫妻生活的甜美，歌颂了他们劳动的愉快。

　　酒是情感的载体，《诗经》中洋溢着浓浓的酒情。这里有亲情、乡情和友情。用美酒向亲友故旧表达亲密之情，有酒就用过滤的清酒，无酒就用带滓的新酒。痛饮无长幼，友爱已在不言中。

　　难能可贵的是，《诗经》中十分重视酒德。酒德就是饮酒时注意自己的形象，讲究文明礼貌。也讽刺了那些饮酒无度、失礼败德之事。《小雅·湛露》的主题，就是求醉而不失态。一方面不醉不回家，因为不醉享受不到饮酒的乐趣；另一方面，很强调酒德，始终要保持美好的仪容和德行。

　　早在汉武帝时代，《诗经》就被定为"五经"之一。由于它所具有的不可磨灭的文学价值和史料价值，使之在中国文学史上永放光芒。同时，由于《诗经》最早与酒联袂，也使之成为中国酒文化中的一朵奇葩。

众人皆醉我独醒

屈原是《楚辞》的创造者，是中国文学史上第一位伟大的诗人，标志着中国古典文学创作的一个新时代。

《楚辞》中的酒诗，极富特色，出现了多种美酒，《招魂》中的"瑶浆"，《九思》中的"玉液"，《招魂》和《大招》中的"酎"，即醇酒，还有《招魂》中一种甜酒"蜜勺"，《大招》中的一种清酒"沥"，《东皇太一》中用有香味的椒浸泡的美酒"椒浆"。《东皇太一》中的"桂浆"，则是一种很稠的桂花酒，是古代中秋节的节酒，于八月酿制。

《招魂》是屈原作的一首十分富有特色的诗章，其中三处写到了酒，借酒表达了楚国最平安、故乡最美好，抒发了屈原强烈的爱国主义情感。

《楚辞》中的酒诗，多宴饮祭祀之诗。在酒的发展中，形成了酒的礼仪。祭祀这种特殊场合的严肃性、隆重性，决定了酒的非同寻常地位，体现了"酒必祭，祭必酒"的特有现象。

在《楚辞》中，诗人用酒来刻画人物性格，推动情节的发展；借渲染环境气氛，表达情感。《招魂》篇中，有一段描写：楚国的宴会上，美女喝醉了酒，她的脸红得像海棠花一样美丽，一双水汪汪的大眼睛，向人们频频地送着秋波。诗人借妖娆女子的酒醉，渲染了宴会的耀人眼目，动人心魄，突出了人们的欢乐。有声有色，生动形象，读之如身临其境，宛如就在眼前。

《楚辞》还塑造了"独醒者"的形象。所有人都喝得醉醺醺，只有屈原一人清醒，借此比喻屈原廉洁正直。屈原面对现实，坚持真理，热爱祖国，至死不渝。屈原一再受到群小的排挤和迫害，但他奋不顾身地同腐朽势力斗争到底，九死不悔。

屈原这位伟大诗人与我国其他古代诗人不同之处，在于其他古代诗人，无不爱酒如命，是"醉酒"的典型。但屈原却是以"众人皆醉我独醒"为形象、性格特征的，是"独醒者"的典型。他有着不愿与龌龊的社会同流合污，宁愿"葬于江鱼之腹中"，也不愿"蒙世俗之尘埃"的高尚品质。

孔融讽曹操禁酒被杀

孔融，汉末文学家，幼有异才。孔融性格豪放不羁，经常做出一些蔑视礼教、离经叛道的事。他议论时政，言辞激烈，为当时的政治环境所不容。

东汉末年，时局动荡，因天灾和战争造成粮食短缺，曹操"表制酒禁"，而孔融反对禁酒。

孔融复拜太中大夫时，虽处"闲职"，未收敛锋芒，高调处世，让"宾客日盈其门"，还沾沾自喜曰："座上客恒满，樽中酒不空，吾无忧矣！"曾有诗云："归家酒债多，门客絮几行。高谈惊四座，一夕倾千觞。"

曹操震惊之余，决定斩草除根，不留后患。于是在《后汉书·孝贤帝纪》里，我们看到了这样一句话："建安十三年八月壬子，曹操杀太中大夫孔融，夷其族。"

孔融在禁酒问题上与曹操唱反调，便是招祸原因之一。

唐诗中的名篇《凉州词》

葡萄美酒夜光杯，
欲饮琵琶马上催。
醉卧沙场君莫笑，
古来征战几人回。

诗人王翰，豪放不羁，善游乐饮酒，他的豪放性格在诗中也有体现。从《凉州词》中，我们可以体味到，纵然战死不归，何妨美酒先醉。其中并非没有痛苦，却压不倒豪荡磊落的壮怀。

这首诗历来广为传诵，是唐诗中的名篇。诗写军中生活，酒在诗中出现，既流露了厌战情绪，同时表达了纵情的意兴。葡萄酒、夜光杯、琵琶，都和西北民族有关，通过这些描写，作品显示出了地方特色。

黄金一斗，不如魏征一口

魏征是唐初著名的政治家、思想家、文学家，他敢于直言进谏，和唐太宗李世民留下了我国历史上君臣合作的典范，并共同开创了"贞观之治"盛世，魏征也被后人称为"一代名相"。

魏征还是一个酿酒专家，他酿造的美酒，在当时已经是香飘万里。《中国酒事大典》记载："魏征善于酿酒，其酒名为"醽醁翠涛"，以大金罂贮盛十年，其味当世未有。"

传说，归乡养病的魏征游走在河畔，看到农民李保家高粱丰收，却一时卖不出去而囤积在院里，不知道该如何才好。魏征看着满地的高粱，思索了一会，就对李保说，不如将这些高粱用来酿酒吧。随后，魏征传授其酿造技艺。到了酒成之日，李保开了一间小酒坊，魏征还为其酒坊撰联："高粱好劝灵均醉，曲料争传傅说材。"李保为感激魏征的帮助，专门将此酒命名为"魏征酒"。没过多久，魏征酒便迅速热销四面八方，赢得许多人的赞誉。

魏征酿的美酒名声传到了京城。一日，唐太宗与群臣在大殿里畅谈，准备一起品尝魏征所酿的美酒。魏征携带着自己亲酿的美酒，让唐太宗先来品尝。唐太宗细细品味了良久，大为赞赏，并将魏征所酿之酒赐名曰"醽醁翠涛"。唐太宗还即兴挥笔写了《赐魏征诗》，夸赞魏征所酿美酒醇厚、质优：醽醁胜兰生，翠涛过玉薤。千日醉不醒，十年味不败。

事后，唐太宗与魏征两人对酌之时，因对魏征所酿的美酒颇为赏识，还戏称说："魏征啊，你这酒可真是又绵又醇，入口以后香气回味无穷，真是黄金一斗，不如魏征一口！"

从此以后，上至王公大臣、达官贵人，下至黎民百姓，都以能饮到魏征所酿的美酒为荣。在魏征的故里还流传着这样一支歌谣："天下闻名魏征酒，芳香醇厚誉九州。百年莫惜千回醉，一盅能消万古愁。"以此来称赞魏征所酿的美酒。《中国深宫实录》之《宫廷美酒》篇也有记载：魏征有造酒的手艺，他所造的酒有醽醁、翠涛两种最为珍奇，将上述酒置于罐中贮藏，十年不会腐坏。

唐代以前人们所酿的米酒，因酒精含量不高，一般都是现酿现饮，所以不易于长久贮存。而魏征所酿的酒显然是酒精含量较高，且能长久贮存。因此，魏征对我国酿酒业的贡献是巨大的。

魏征堪称是历史长河中的一位奇才，他博古通今，艺涉诸端，技及多门。魏征即使不从政，他仅仅作为一位酿造师，也是足以流芳百世的。

李白是酒仙诗仙

我国历代诗人中，在饮酒方面名气最大的，当属李白了。他"生于酒而死于酒"。他的嗜酒如命是无与伦比的。他自称"酒中仙"，别人称他"酒仙""酒圣""酒星魂"……他一生喜酒爱酒，写诗著文尤其离不开酒。酒，几乎是他生命的第一需要。他曾在《月下独酌》中潇洒地写道：天若不爱酒，酒星不在天。地若不爱酒，地应无酒泉。天地既爱酒，爱酒不愧天。

李白无论隐居、求仕期间，还是得意、流落之时，也不管何时何地，人多人少，有钱没钱，他都要想办法喝酒。李白斗酒诗百篇，酒伴随着他的坎坷，带着传奇色彩的一生，富有深厚的文化意味。他的嗜酒成为千古佳话，与他饮酒有关的传奇，也流传至今而不绝。李白嗜酒，除了写下大量的与酒有关的诗篇外，还同许多人结为酒友，甚至成为莫逆之交。

李白名扬天下之时，玄宗召见，玄宗见他神气高朗，叫他脱靴交谈，李白却让大宦官高力士脱靴。唐天宝初年春，玄宗与杨贵妃在沉香亭前赏牡丹，召李白作诗。此时李白酩酊大醉，伏案而眠。玄宗见他烂醉如泥，亲自用袍袖擦去他嘴角上的流涎，喂他醒酒汤。李白醒来，要求玄宗先赐酒于他，并说臣是醉后诗兴如泉。李白连饮数杯，遂即兴挥笔，三首著名的《清平调》一挥而就。第一首是"云想衣裳花想容，春风拂槛露华浓，若非群玉山头见，会向瑶台月下逢"。以花拟人，以人比花，达到了花人合一的高妙艺术境界。从此，唐玄宗更加看重李白。

李白作为诗仙酒仙，有口皆碑。他的一生可谓是"诗酒生涯"。他的诗多与酒有关，有人说他"十诗九言酒"，而且饮酒才出好诗。郭沫若曾说过，当李白醉了的时候，是他最清醒的时候；当他没醉的时候，是他最糊涂的时候。李白流传至今的酒诗有170首，最著名的有《将进酒》《把酒问月》《月下独酌》等多篇。

李白生活在中国封建社会极盛的时期，他的诗篇反映了盛唐时代向上发展的气魄。追求自由解放的热情，是他诗中积极的浪漫主义精神的实质。李白丰富的想象、大胆的夸张、深入浅出的语言、豪迈爽朗的风格，使他登上了浪漫主义诗歌的高峰。

今朝不醉明朝悔

白居易是唐代负有盛名的大诗人，一生经历八代帝王，高寿75岁。他是唐代一位最多产的诗人，现存诗歌仍有3000首。白居易又是我国古代儒家诗歌理论的集大成者，核心就是强调诗歌服务政教，干预现实。白居易的诗歌如散文一样平易流畅，因此拥有广泛的读者。

白居易不仅写诗如此，喝酒也带这个特点。他的饮酒，坦率豪爽。他的酒诗，明白如话。他还利用饮酒，结交朋友。他在70岁那年，曾邀请八位老人，宴集于洛阳，聚会欢饮，成为美谈，后人誉为"九老会"，并绘有"九老图"。

白居易自号乐天，终身以诗、酒、琴为友。他的爱酒，胜过李白、杜甫，他曾作《酒功赞》，其中有"吾尝终日不食，终夜不寝，以思无益，不如且饮"之语。在他一生的仕途中，皆以"醉"字为号：任河南尹时，号"醉尹"；贬江州司马时，又号"醉司马"；及至太傅，则号"醉傅"。他还为自己起了个"醉吟先生"的雅号，并作《醉吟先生传》，自述其"醉复醒，醒复吟，吟复饮，饮复醉，醉饮相仍，若循环然"的诗酒生活。白居易信奉"今朝不醉明朝悔"，可他的醉，是高层次的醉；他的醉酒诗，也是高水平的诗。

白居易的讽谕酒诗，既有明确的指导思想，又作了系统总结，使他的诗直接刺向社会的各个黑暗角落。《秦中吟》中的《轻肥》，以强烈的对比手法，揭示了两种根本对立的阶级生活。"人食人"同"酒酣""食饱"，构成极为强烈的阶级对立现实，从而深刻揭露和控诉了封建统治阶级残酷剥削和压榨人民的罪行，表现了诗人对人民苦难处境的同情，对统治阶级的不满。在揭露和控诉之中，也表现了诗人要求改革封建弊政的革新思想。《秦中吟》还描写了统治者红烛歌舞，欢饮狂歌的腐朽糜烂生活，酒在这里成了统治阶级罪恶的象征。

白居易确实是个大酒豪，他不顾年老，不思名利，典衣卖马，痴情买醉，不能不说这也是一种潇洒。在白居易的酒诗中，还有许多感伤诗，代表他诗歌最高艺术成就的《长恨歌》《琵琶行》都属这类作品。《长恨歌》是白居易自己最喜欢的作品，他曾说："一篇长恨有风情，十首秦吟近正声。"诗中"回眸一笑百媚生，六宫粉黛无颜色""上穷碧落下黄泉，两处茫茫皆不见"等诗句，已成千古名句。

张旭酒后书狂草

张旭是唐代著名的书法家，以草书闻名。他的草书与李白的诗歌，裴旻的剑舞，称为"三绝"。他的书法与怀素齐名，并称"颠张醉素"，也被后世尊称为"草圣"。

张旭性格豪放，嗜好饮酒，常在大醉后手舞足蹈，然后回到桌前，提笔落墨，一挥而就。有人说他粗鲁，给他取了个"张癫"的雅号。其实他很细心，以天地万事万物为师，偶有所获，即熔冶于自己的书法中。当时人们只要得到他的片纸只字，都视若珍品，世袭珍藏。

张旭的狂草，绝非一时兴起的胡涂乱抹，而是蓄谋已久的厚积薄发。平常人看不出端倪，而他总能联系到书法创作，于是下笔龙飞凤舞，变幻莫测，但凡有动于心者，都成为他挥洒的灵感之源。

时人呼其为"张癫"，除了其对书法的痴之外，还因他的微醺醉态。张旭在长安，时有王公贵族在侧，大家都想一睹"草圣"的风采。张旭也不多言，一饮三杯，呼叫狂走。接着，将头上的帽子一甩，准备写字。正当大家以为他会拿起笔时，张旭却低下头，以头发蘸墨，"笔"走龙蛇……待张旭酒醒，视其所书，叹为神作，以为世间再不可得也。

初唐，欧、虞、褚、陆究竟谁为第一，颇有争论；至盛唐，则"草圣"之名属张旭，天下再无异议。

酒鬼刘伶

竹林七贤，指的是晋代阮籍、嵇康、山涛、刘伶、阮咸、向秀和王戎七位名士。他们旷达不羁，常于竹林下酣歌纵酒。尤其是刘伶，西晋沛国（今安徽宿州）人，字伯伦，曾仕至建威参军。其人豁达洒脱，一生与酒同在，后世称他为"酒鬼"。

他主张"以饮酒为荣，酗酒为耻，唯酒是德"。

传说有一天，刘伶路经一个山村，看见一个酒坊，门上贴着一副对联：猛虎一杯山中醉，蛟龙两盏海底眠。横批：不醉三年不要钱。刘伶看过对联，大摇大摆地走进店里说："店家，拿酒来！"话音一落，只见店内一位鹤发童颜、神情飘逸的老翁捧着酒坛向他走了过来。刘伶看到如此美酒，抑制不住高兴，接连喝了三杯。还未等捧起第四杯，只觉得天旋地转，不能自已，连忙向店家告辞，跌跌撞撞回到家中。

三年后，店主到刘伶家讨要酒钱。刘伶妻子听到店主来要酒钱，又气又恨，上前拉住店主说"刘伶只因喝了你的酒已死去三年了"，并要带他去见官。

店主拂袖笑道："刘伶未死，只是醉过去了。"众人不信，打开棺材一看，脸色红润的刘伶刚好睁开睡眼，伸开双臂，深深地打了个哈欠，吐出一股喷鼻酒香，陶醉地说："好酒，真香！"所以后世称其为"酒鬼"。

岑参的边塞酒诗

岑参，做过安西和关西的节度判官，安西是现在的新疆，关西是陕西和甘肃。那里有大风、大热、大冰雪，有千里无人烟的大沙漠，有悲壮剧烈的战争，有异域情调的音乐。岑参到过天山，到过轮台，到过雪海，到过交河，那里有许多同中原绝异的现象，给他以一种新生命、新情调。他的心境与诗境，都由此展开。

公元757年，岑参离开边塞东归，酒泉太守置酒相待，岑参一首《酒泉太守席上醉后作》，形象而生动地记录了这次宴会的情景：酒泉太守能剑舞，高堂置酒夜击鼓。胡笳一曲断人肠，座上相看泪如雨。琵琶长笛曲相和，羌儿胡雏齐唱歌。浑炙犁牛烹野驼，交河美酒金叵罗。三更醉后军中寝，无奈秦山归梦何。

岑参还有好多酒诗，如《戏问花门酒家翁》《醉戏窦子美人》

《醉题匡城周少府厅壁》《醉后戏赵歌儿》等，他在《醉里送裴子赴镇西》中写道：醉后未能到，待醒方送君。看君走马去，直上天山云。

高适豪迈奔放见性格

高适，早年是一个狂放不羁的贫穷流浪者，他在长期贫困失意的生活环境里，常用诗句来表达怀才不遇的悲愤心情。他晚年得志，历任淮南、西川节度使，召为刑部侍郎、散骑长侍，进封渤海县侯。

他经历的军事生活和边陲的自然环境，使得他的诗风与岑参相近。他在《营州歌》中写道：营州少年厌原野，狐裘蒙茸猎城下。虏酒千钟不醉人，胡儿十岁能骑马。诗中的"虏酒"是营州地区少数民族酿制的酒，酒味较薄。再薄的酒，能喝千盅而不醉，也算是酒豪了。他在《醉后赠张九旭》中又说：世上谩相识，此翁殊不然。兴来书自圣，醉后语尤颠。白发老闲事，青云在目前。床头一壶酒，能得几回眠。

高适和同时代的王昌龄、王之涣等人一样，他们的人生都是现实的、积极的，他们意气风发，富于进取，有一股热情与力量。无论作诗做事，都能表现出雄健浓烈的生气。

"竹林七贤"和酒

曹魏后期，曹魏与司马集团争夺倾轧，政治环境险恶。在这种纷繁复杂的政治漩涡中，阮籍、嵇康、刘伶、阮咸、山涛、向秀、王戎，不愿与昏君佞臣同流合污，对政治极度失望，常常躲在山阳的竹林下聚会畅饮。他们又都在文学上很有成就，人们称之为"竹林七贤"。

"竹林七贤"逍遥脱俗，根本不在乎什么"法""理"等伦常规矩。有一次，阮籍正在下棋赌酒，有人来通知说他母亲去世了。但阮籍没有理会，坚持决出胜负。然后喝了两斗酒，大哭不止，以至于吐血。阮籍的邻居有个小酒馆，店主人家的妻子很漂亮，阮籍常去饮酒，醉了就倒在女店主身边酣睡，从来都没有越轨行为。有户人家的姑娘才貌双全，可惜未嫁先死，阮籍并不认识，却去痛哭一番。刘伶也毫不逊色，他醉后脱得一丝不挂，有人责怪他不成体统。他说，我以天地为屋，以房子为衣，你怎么跑进我裤子里来了？说得来人羞愧难当。阮咸也很潇洒，一次他与族人聚饮，嫌小杯不过瘾，而以大盆代之。正喝得酣畅淋漓，忽然跑来一群猪与他们争饮。众人去赶猪，阮咸却骑在一头猪背上，照饮不误。

"竹林七贤"个个嗜酒如命，阮籍是个最不愿做官之人，但有一次却主动请求去当步兵校尉。原来步兵营有位厨师很会做酒，而且营中藏有好酒300斛。他到任后什么都不管，只是拉刘伶一起终日狂饮，饮完美酒便辞职还乡。刘伶更是有过之无不及，他纵酒无度，乘车外出时，都要携带一壶酒，且饮且行；车后还有仆人荷锄相随。他吩咐说，若他饮酒而死，可以就地埋掉。刘伶因酒致病，妻子哭着要他戒酒，他说，我向神发誓后方能戒掉，妻子很高兴，立即在神前供上酒肉。他发誓说："天生刘伶，以酒为名。一饮一斛，五斗解酲。妇人之言，慎不可听。"说罢，大吃大喝，再次醉倒。在后代诗人文士的笔下，刘伶已成了酒的代名词。

"竹林七贤"将酒作为逃避现实、躲避迫害的一种手段，司马氏为拉拢阮籍，曾想和他联姻。阮籍听到消息，便一醉两个月，使司马氏没有机会提出，只得作罢。后司马氏再度进逼，指定让阮籍写"劝进文"。他还想用老办法搪塞，司马氏让他当场作文。阮籍心中十分痛苦，"痛失名节"，从此精神崩溃，不到两个月就去世了。"竹林七贤"中任何一个人，都未能做到借酒真正避世，不是被杀，就是被逼妥协。但酒，却从此成为清高的象征，为后世崇尚高洁的文人引为知己。

快乐的酒鬼阮籍

阮籍是河南人，和刘伶是一对大酒鬼。阮籍中气十足，善于仰天长啸，还能谈琴，诗写得也不错。不过当时没几个人夸他，因为他不顾礼法，一高兴就得意忘形，所谓："勿忘形骸，时人多谓之痴。"

阮籍干过的痴事，实在不少，比如他听说步兵营的地窖里有美酒300桶，就主动申请当步兵校尉。去了以后就是每天喝酒，喝完酒擦擦嘴就走人了，因此大家都称他为阮步兵。

阮籍也和刘伶一样，喜欢坐车喝酒，走到哪里算哪里，喝到感情上来了就下车大哭。一次他走到楚汉交战的广武山，说出了一句千古名言：时无英雄，使竖子成名。

阮籍虽然狂放，却也讲究策略。他知道司马昭心狠手辣，很少去忤逆他，还执笔写过《劝进文》，劝司马昭自封晋公，因此司马昭对他很维护。

尽管阮籍当官不做事，又不遵礼法，却仍然安安稳稳得享天年，做了个快乐的酒鬼。

陆游愿每月得酒千壶

陆游，南宋著名爱国诗人、词人。字务观，号放翁，越州山阴（今浙江绍兴）人。他具有多方面文学才能，尤以诗的成就为最，生前即有"小李白"之称，成为南宋一代诗坛领袖，在中国文学史上享有崇高地位，存诗9300多首，是文学史上存诗最多的诗人。

陆游一生与酒结下不解之缘，酒诗数量可与李白媲美。他的诗中，饮酒有"一壶清露来云表，聊为幽人洗肺肝"的独酌之趣；有"一饮五百年，一醉三千秋"的豪迈洒脱。但处于报国无门的时代，多借饮酒排遣心中郁闷，如"谁知得酒尚能狂，脱帽向人时大叫。逆胡未灭心未平，孤剑床头铿有声"。

陆游善饮酒，愿月得酒千壶，写饮酒的诗也有很多，有侧重写因感慨世事而痛饮的，如《饮酒》《神山歌》《池上醉歌》等；有侧重因愤激于报国壮志难酬而痛饮的，如《长歌行》《夏夜大醉醒后有感》《楼上醉书》等；有想借酒挽回壮志的，如《岁晚书怀》中写"梦移乡国近，酒挽壮心回"。

吕端大事不糊涂

在中共八届十中全会上，毛泽东主席曾送给儒将叶剑英元帅两句话："诸葛一生唯谨慎，吕端大事不糊涂。"

吕端是北宋名相，小事有点犯浑，但在大事上绝不含糊。

民间传说有这么一件事。有一天，皇帝临朝，文武百官都到了，结果等了三刻钟，吕端还没来，皇帝有点急了。

文武百官跟吕端关系都很好，于是在下边就相互之间小声说，肯定是近来奏折太多了，一干就干到后半夜。就在这个时候，吕端跑进来了。离他比较近的大臣说，你就说昨天晚上加班到后半夜，早上起不来，千万别说岔了。

吕端到前面往那一站，皇帝说，怎么来晚了呢？吕端说，喝酒了。皇帝又说，喝酒就可以来晚啊？吕端答，我昨晚喝多了。皇帝又问，喝多了就可以迟到啊？吕端回话说，没起来，一觉睡到自然醒。皇帝气极了，说大伙都在这里等你，结果你在家一觉还睡到自然醒。

散朝后，大家都对吕端说，你就说昨晚上加班了，含糊过去不就完事了吗？吕端说，不行。我喝酒喝多了，这个事不是大事，顶多也就算迟到。如果我撒谎呢？那可是欺君之罪。我来晚了这件事，大家看着这事挺大，其实不大；我若撒谎，你看着这事挺小，其实不小，我至于犯个大错误去掩饰一个小错误吗？

宋太祖杯酒释兵权

建隆二年 (961 年) 七月初九日。晚朝时，宋太祖把石守信等禁军高级将领留下喝酒，酒兴正浓时，宋太祖突然屏退侍从。他叹了一口气，对众将领说，我若不是靠你们出力，是到不了这个地位的，为此我从内心里一直念及你们的功德。然而，当天子太过艰难，还不如做节度使快乐，我整个夜晚都不敢安枕啊。

石守信等将领知道已经受到猜疑，弄不好还会引来杀身之祸，一时都惊恐地哭了起来，恳请宋太祖给他们指明一条可生之途。

宋太祖缓缓说道："人生在世，像白驹过隙那样短促，所以要得到富贵的人，不过是想多聚金钱，多多娱乐，使子孙后代免于贫困而已。你们不如放弃兵权，到地方去，多置良田美宅，为子孙立长远产业；同时多买些歌姬，日夜饮酒相欢，以终天年；朕同你们再联姻，君臣之间，两无猜疑，上下相安，这样不是很好吗？"

石守信等人见宋太祖已把话讲得很明白，再无回旋余地，而且当时宋太祖已牢牢控制着中央禁军，几个将领别无他法，只得俯首听命，表示感谢太祖恩德。

第二天，石守信等人上表声称自己有病，纷纷要求解除兵权。宋太祖欣然同意，令罢去禁军职务，改任地方节度使。

在解除石守信等宿将的兵权后，太祖另选一些资历浅，个人威望不高，容易控制的人担任禁军将领。于是禁军领兵权拆而为三，以名位较低的将领掌握三衙，这就意味着皇权对军队控制的加强。

以后，宋太祖兑现了与禁军高级将领联姻的诺言，把守寡的妹妹嫁给高怀德，又把女儿嫁给石守信和王审琦的儿子，把张令铎的女儿嫁给太祖三弟赵光美。

经此番后，当年执掌兵权的结义兄弟，宋太祖将他们的禁军职务全部解除，且从此再不授人。石守信虽然保留着"侍卫都指挥使"的头衔，却已没有任何实权。另一方面，宋太祖又派李汉超等将领镇守各州。管辖之利，悉以与之，贸易则免征税，故十余年无忧。

杯酒释兵权是宋太祖为加强皇权，巩固统治所采取的一系列政治军事改革措施之一。

送别名作《渭城曲》

渭城朝雨浥轻尘，
客舍青青柳色新。
劝君更尽一杯酒，
西出阳关无故人。

这是一首影响极为深远的送别名作。诗一发表，便不胫而走。还被谱成歌曲，广泛传唱。宋代女词人李清照甚至说："四叠阳关，唱到千千遍"，于是这首诗成了送别的特有歌曲。后两句写友人已经饮了许多酒，此时或许不能再饮，而诗人又斟满一杯，劝友人再喝掉。可以想见，这杯酒充满了多少深情。

王维是在盛唐时代文化全面高涨的历史条件下，产生出来的一位多才多艺的诗人。他精通音乐、书法、绘画，他的文学创作就是建筑在全面的艺术修养之上的，因而取得了很高的成就。

苏轼的节酒观

苏轼，字子瞻，号东坡。他生长在北宋中叶，经历了从仁宗到徽宗的五朝。他是宋代诗坛上最杰出的代表。他独成一家，给予宋诗以新的成就和开拓。他在政治上遭遇种种挫折，但他善于解脱。他风流儒雅，饮酒酣歌，热爱人生和自然。

在他大起大落的人生中，酒是他忠实的伙伴。他深谙饮酒之乐，但又少饮即醉。他写过一篇《书东皋子传后》，说"天下最不能饮酒的人，也比我能喝；天下最爱饮酒的人，也不如我爱酒"。苏轼喝一整天，才喝五合那么一点酒。见客人举杯徐饮，他又是未饮陶陶心先醉。若不是深谙酒道、理解酒趣的人，能体味到吗？

我们今天知道，过量饮酒有害健康，对于这点，苏轼似乎早有预见。他十分喜爱杯中物，他在《饮酒说》中说："予饮酒不多，然而日欲把盏为乐，殆不可一日无此君。"他反对过量饮酒、狂饮烂醉。他在任杭州通判时，请他赴宴的接二连三，他遂戏称杭州通判之任为"酒食地狱"。他的这种"节酒观"，既利于养生健康，又显示出他对于酒的洒脱。这和李白狂饮烂醉的"斗酒诗百篇"截然不同。

酒在苏轼辉煌的一生中，发挥了重要作用。他的诗、词、文、赋、书、画，几乎都是在酒后问世的。著名的《前赤壁赋》，是坐在船边，边游边饮的情况下作出的，《后赤壁赋》也是携酒游赤壁而诞生的。曾被后人称为"前无古人，后无来者"的颂西湖名篇《饮湖上，初晴雨后》，就是他约了二三友人，泛舟湖上，边饮边游，半醉半醒之际，乘兴而作。"水光潋滟晴方好，山色空蒙雨亦奇。欲把西湖比西子，淡妆浓抹总相宜"。脍炙人口的西湖绝唱，有酒的一份功劳。

从上述作品中，我们可以看出，浅饮微醉，激发了苏轼的创作灵感。苏轼还有首诗《醉睡者》："有道难行不如醉，有口难言不如睡，先生醉卧此石间，万古无人知此意。"展示了他"达者兼济天下，穷则独善其身"的儒道互补人格。

苏轼不但好酒，而且亲自酿酒。在谪居黄州时，他酿有蜜酒，用来招待客人。此后一发不可收拾，先后酿成了松酒、桂酒、天门冬酒等多种酒。他认为在惠州时酿制的桂酒，常服可养生延寿。

苏轼的酒诗，既能汲取前人之长，又能开拓新路。他的酒诗中有反映民生疾苦和揭露官吏横暴的作品，最大量也最为人们喜好的，是那些通过描绘日常生活经历和自然景物来抒发人生情怀的作品。

陶渊明的酒和《止酒》诗

陶渊明，又称陶潜，东晋著名诗人，文学家。早年曾几次出仕，做过参军一类的小官，因看不惯官场的腐败黑暗，在41岁那年辞官隐居，过了20年的田园生活。

陶渊明不仅嗜酒，还将酒带进了诗文之中。《陶渊明集》现存诗文142篇，说到酒的有56篇。他在39岁到50岁这11年中，"偶有名酒，无夕不饮"，"酣饮赋诗"，成了他生活的主流。

从内容上看，陶渊明的酒诗，自然恬淡，反映的思想情调并不相同，有的叙述他隐居躬耕的田园生活；有的写农闲时与友人登高，饮酒畅谈之乐；有的反映了诗人热爱自然，鄙弃功名的思想，本色真味，直书胸臆。诗人的语言，也反映了可贵的生活态度，有些词句，"直是口头语，乃为绝妙词"。

欣赏陶渊明酒诗，不能不重点谈谈他的《饮酒二十首并序》。诗人归隐之后，世变日甚，故每每得酒，饮必尽醉。醉后赋诗，聊以自娱。这20首诗，全是陶渊明酒后兴至的偶然题咏，有的表现对人生的看法，有的描述隐居生活，有的抒发饮酒的乐趣。

陶渊明还写过一首《止酒》诗，是写饮酒的乐趣和戒酒的好处。诗曰：居止次城邑，逍遥自闲止。坐止高荫下，步止荜门里。好味止园葵，大欢止稚子。平生不止酒，止酒情无喜。暮止不安寝，晨止不能起。日日欲止之，营卫止不理。徒知止不乐，未知止利己。始觉止为善，今朝真止矣。从此一止去，将止扶桑涘。清颜止宿容，奚止千万祀！这是一首戒酒诗，诗中每句都有一个止字，极富民歌特色。意谓天天饮酒取乐或许能暂时忘却死之来临，但酒作为"腐肠之剑"，岂不是促使人体早死的东西吗？这说明，陶渊明并不主张终日饮酒以忘忧，他只希望过一种简朴自然的生活。对于一个嗜酒者，能有戒酒的想法，是很难得的。

"性嗜酒"是陶渊明为自己的性格所作的结论。梁武帝长子萧统编的《陶渊明集序》中曾说"陶渊明诗篇篇有酒"；白居易直接说陶渊明"篇篇劝我饮，此外无所云"。

王羲之兰亭流觞

王羲之，字逸少，琅琊临沂（今属山东）人，东晋著名书法家，曾任右军将军，世称"王右军"。为王敦、王导的从子，深为"二王"所器重。后托病辞官，精于书法，史称"书圣"。

王羲之最为后人称道的作品是《兰亭集序》。王羲之适逢酒酣，乘兴挥笔，潇洒自如，写下这绝代书法佳品。酒醒之后，"更书数十百本，终不及之"。可见在酒的帮助下，才使他写出了后世书法家难以企及的艺术珍品。

古人每逢三月上旬的巳日（魏以后始固定为三月三日）到水边"修禊，以消除不祥"。南朝梁宗懔《荆楚岁时记》有"三月三日，士民并出江渚池沼间，为流杯曲水之饮"。人们集会于曲水之旁，在上流放置酒杯，任其顺流而下，直到停止流动，在谁面前，谁则取而饮之，叫作"流觞"。

晋穆帝司马聃永和九年（353年）三月三日，王羲之与当时名士41人集会于会稽山阴的兰亭，修禊祓之礼，曲水流觞，饮酒赋诗，王羲之挥毫书写诗序，即著名的《兰亭集序》，号称"天下第一行书"。

岳飞戒酒能断

岳飞，南宋初年的抗金名将。家贫力学，少年从军。绍兴十年，岳飞任少保兼河南河北诸路招讨使，大败敌兵。秦桧恐岳飞阻梗和议，一日内降十二道金牌召还，次年以莫须有之罪将岳飞杀害。

岳飞曾豪于饮而有酒失，其母及高宗赵构都让他戒酒。他也听从了劝告，立即断了酒。但他发下誓愿："真捣黄龙府（金国的都城），与诸君痛饮耳。"

戒酒能断，是大丈夫；而与诸君痛饮，更充满英雄豪情。

直言强谏的耶律楚材

耶律楚材，屡次为了维护国家和人民的利益，敢于犯颜直谏，置生死于度外。

窝阔台喜欢喝酒，经常与大臣酣饮，耽误处理国家大事。耶律楚材屡次劝谏，窝阔台不听。有一天，耶律楚材拿着被酒曲腐蚀坏的酒槽铁口，对窝阔台说："铁尚如此遭酒腐蚀，况人之五脏乎？"他才醒悟，命近臣"日进酒三钟而止"。

有一年通事杨维中参与一案件，耶律楚材按照法令拘捕了他。窝阔台很器重和信任杨维中，得知此事后大怒，差人将耶律楚材绑起来，后来又后悔，命人放了耶律楚材。耶律楚材不让人替他松绑，声色俱厉地说："老臣备位公卿，辅佐陛下处理国政。陛下下令捆绑我，是因为我有罪，那就应该明示百官，让他们知道我罪在不赦；现在又轻易地要以无罪释放我，如同戏弄小孩一般，假若国家有大事，难道也能这样办吗？"在场的官员听后大惊失色，以为耶律楚材大祸将要临头了。可是窝阔台仔细想了想，认为耶律楚材说的有道理，并当场承认了错误："朕虽为帝，宁无过举耶？"

耶律楚材不怕丢官罢职，敢于直言不讳，刚正耿直，有诗赞曰："截手断头均不怕，唯恐佞邪祸国家；风光霁月平生志，要济黎庶灿物华。

朱元璋的"君臣同乐"

朱元璋即明太祖，明代的建立者。1368—1398 年在位。幼名重八，又名兴宗，字国瑞。濠州钟离（今安徽凤阳东）人。少时为僧，参加郭子兴红巾军，后逐步消灭各种割据势力，1368 年定国号为明，年号洪武。同年攻克大都（今北京），推翻元朝统治，以后逐步统一全国。

宋濂（1310—1381年），明初文学家。字景濂，号潜溪，浦江（今浙江义乌西北）人。明初奉命主修《元史》，官至学士承旨知制诰。后因长孙宋慎牵涉胡惟庸案，全家谪茂州，中途病死于夔州，生平著作甚多，有《宋学士文集》。

朱元璋与宋濂饮酒，宋濂推辞，朱元璋逼迫他喝。宋濂喝下三觞，面色发红，行不成步。朱元璋大笑，亲御翰墨赋楚辞一章以赐。又命侍臣咸赋"醉学士歌"，曰："俾后世知朕君臣同乐若此也。"

强迫不会饮酒的人饮酒，朱元璋的这种"君臣同乐"实在是不足取。

祝枝山巧联对唐伯虎

唐伯虎在夏日访祝枝山，枝山适大醉，裸体纵笔疾书，了不为谢。伯虎戏谓曰："无衣无褐，何以卒岁？"枝山遽答曰："岂曰无衣？与子同袍。"

祝枝山，字希哲，号枝山，又号枝指生。明代长洲（今属江苏）人。弘治五年举人，官兴宁知县，迁应天通判。博学善文，工书，其狂草下笔纵横，于似无规则中见功力。玩世不恭，不问生产。

唐伯虎戏语妙，祝枝山答语更妙。

晏殊小令《浣溪沙》

晏殊（991—1055年），字叔同，江西临川人。他官运亨通，做到宰相。政治上没有什么突出成就，对文学却格外关心。他"惟喜宾客，未尝一日不宴饮"。参加宴饮的文人，常常作诗后让歌女演唱，他那里其实就是一个与填词有关的文艺沙龙。

晏殊有一首脍炙人口的小令《浣溪沙》：

一曲新词酒一杯，

去年天气旧亭台，

夕阳西下几时回？

无可奈何花落去，

似曾相识燕归来，

小园香径独徘徊。

这首小令，内容为悼惜春残，感叹亭台、天气一如往昔，而物是人非，时不再来，反映着士大夫的生活情调与情怀。其中的"无可奈何花落去，似曾相识燕归来"，属对工巧，为人传诵。

"衰翁"汉书下酒

苏舜钦（1008—1048 年），字子美，杰出的散文家和诗人。文笔犀利，思想敏捷；诗文飘逸狂放，独具风神。他与梅尧臣齐名，世称"苏梅"。他嗜酒如命，酒名几乎与诗名相等。人所共知的"汉书下酒"的故事，就是说他每晚读书时，都要空口喝下一斗酒。他的岳父曾对他暗自观察，发现他一边读着《汉书》，一边喝酒，每读到精彩处，都叫一声好，喝一杯酒。他岳父说："有《汉书》这样的下酒菜，难怪他每晚能饮一斗酒。"

苏舜钦作了不少酒诗，如《依韵和伯镇中秋见月九日遇雨之作》，诗中有"倒冠露顶坐狂客，撷香咀蕊浮新醅"之句。又如《小酌》诗中有"霜柑糖蟹新醅美，醉觉人生万事非"。两诗中的新醅是指新酿的酒，醅是未过滤的酒。他还有篇《对酒》，大意是读书没有出路，不如饮酒。诗曰："有时愁思不可掇，峥嵘腹中失和气。待官得来太行颠，太行美酒清如天。长歌忽发泪迸落，一饮一斗心浩然。嗟乎吾道不如酒，平褫哀乐如摧朽。读书百事人不知，地下刘伶吾与归。"

苏舜钦年纪轻轻，却把自己比作衰翁。他由于心情不佳和饮酒过度，只活到 40 岁就突然殒落了。

爱饮酒也爱咏酒的杨万里

杨万里（1127—1206 年），江西吉水人。一生存稿的诗 4200 多首。他性格直率透脱，爱饮酒，也爱咏酒。所写酒诗甚多。在《生酒歌》诗中云："生酒清如雪，煮酒赤如血，煮酒不如生酒烈。煮酒只带烟火气，生酒不离泉石味。石根泉眼新汲将，面米酿出春风香。坐上猪红间熊北，瓮头鸭绿变鹅黄。先生一醉万事已，哪知身在尘埃里。"这首诗写生酒的特性和饮酒的乐趣，质朴简淡，情意悠远。

杨万里对酒很有研究，他作过一篇《竹叶酒》诗："楚人汲汉水，酿酒古宜城。春风吹酒熟，犹似汉江清。眷旧前人在，丘坟应已平。唯余竹叶曲，留此千古情。"诗中的宜城系县名，今属湖北省，古时以产竹叶青酒而著名。

杨万里还有一首充满奇想奇境，语言也奇的千古名篇《重九后二日同徐克章登万花川谷月下传觞》：老夫渴急月更急：酒落杯中月先入！领取青天并入来，和月和天都蘸湿。天既爱酒自古传，月不解饮真浪言；举杯将月一口吞，举头见月犹在天！老夫大笑问客道：月是一团还两团？酒入诗肠风火发，月入诗肠冰雪泼。一杯未尽诗已成，诵诗问天天亦惊！焉知万古一骸骨，酌酒更吞一团月。

嫉恶如仇的"酒圣"杜甫

杜甫是伟大的现实主义诗人，他的诗被誉为诗史，思想丰富，内容深刻、感情强烈。他又被称为"酒圣"，在十四五岁的时候，就已经是个酒豪了。

杜甫秉性豪爽，嗜酒成性，心肠刚直，嫉恶如仇，所结交者皆饱学宿儒。酒酣之时，目空八方。壮年时期，与李白、高适相遇，一同饮酒赋诗，打猎访古，气味十分相投。尤其和李白，更是情投意合，比亲兄弟还要亲热。公元758年，杜甫任左拾遗，他并没有因官居谏职而停止好酒。每天都典当衣服来喝酒，而且要喝到"尽醉"。没有衣服典当，便赊债，以至处处都有酒债。酒喝多了，自然伤身体，杜甫顾不了这么多，他说，反正人活到七十岁是很少有的（人生七十古来稀）。

杜甫有一位酒友叫郑虔，杜甫在《醉时歌》中记叙了与他的关系。诗开始以对比手法概括了郑虔怀才不遇的处境；接着杜甫定自己的景况更是苦不堪言。写到此，杜甫更是连出醉语，将杜甫与郑虔之间襟怀相契，不拘形迹的关系，刻画得淋漓尽致。这醉语中，浸透了诗人的种种辛酸，劝郑虔及早弃官还乡，千载之后，世间万物终成尘埃。不要太过伤感，还是痛饮几杯吧。这些话，说得似醒似醉，醒中有醉，不醒如何痛楚，如何醉饮；不醉又如何将那一腔不平尽发笔端。《醉时歌》通篇写一醉字，醉酒、醉语、醉态、醉诗，但又是醒时似醉，醉而益醒。故而令人闻之惨怆。虽是书赠郑虔，却字里行间渗透杜甫的泪血。

杜甫57岁时，身体已经很衰弱，然而酒兴一点没减，如同离不开吃饭一样，也离不开喝酒，而且都要朋友周济。同李白一样，杜甫也是"生于酒而死于酒"的。公元770年，59岁的杜甫避难到湖南耒阳，恰遇耒河泛滥，杜甫为洪水所困，只得以舟为家，到处飘泊。县令慕其诗名，带了很多酒肉慰问他。他一次没有吃完，时在暑天，食物腐化不忍丢弃，以致中毒，千古不醒，过早地与世长辞了。

杜甫的酒诗中，有不少篇描述了人民水深火热的生活情景，具有浓厚的情感和浓郁的生活气息。杜甫不仅嗜酒不亚于李白，酒诗的数量也多于李白。饮酒诗在全部诗篇中的比例，李白为16%，杜甫为21%。

杜甫经常债台高筑："朝回日日典春衣，每日江头尽醉归。酒债寻常行处有，人生七十古来稀。"曾沉痛地感叹："蜀酒禁难得，无钱何处赊。"直到晚年还"数茎白发那抛得，百罚深怀亦不辞"，"莫思身外无穷事，且尽生前有限杯"；"浅把涓涓酒，深凭此此身"。杜甫对酒体味很深，因而才有《饮中八仙歌》之作。

范仲淹和《苏幕遮》

北宋酒诗词中，范仲淹当占有一席。范仲淹（989—1052年），字希文，诗、词、文兼长，尤其晚年所作《岳阳楼记》，更是广为传诵。他的酒诗中，颇有名句，"酒入愁肠，化作相思泪"，就是一例。这是《苏幕遮》中的一句，全文是：

碧云天，黄叶地，

秋色连波，波上寒烟翠。

山映斜阳天接水，

芳草无情，更在斜阳外。

黯乡魂，追旅思，

夜夜除非，好梦留人睡。

明月楼高休独倚，

酒入愁肠，化作相思泪。

此词写羁旅相思之情，首句"碧云天，黄叶地"被元代王实甫化用在《西厢记》第四本第三折中，更因"酒入愁肠，化作相思泪"这个结句，而使此词广为传诵。

范仲淹还有一首秋夜怀人之作，词中写到本想以酒浇愁，却更增愁情。"酒未到，先成泪"，语言朴素，感情容量却大。李攀龙在《草堂诗余隽》中评此词曰："月光如昼，泪深于酒，情景两到。"

坚强乐观的欧阳修酒词

欧阳修在《醉翁亭记》中，曾自号"醉翁"，并发出"醉翁之意不在酒，在乎山水之间也，山水之乐，得之于心而寓之于酒"的感慨，成为千古名句。欧阳修在仕宦中几经波折，他常把由此引起的个人身世感慨写入酒词中。在这些酒词中，反映出欧阳修坚强和乐观的个性，不像一般文人失意时所作，总带有黯然伤神的情调。如他的"白首相过，莫话衰翁，但斗尊前笑语同"（《采桑子》），"便须豪饮敌青春，莫对新花羞白发"（《玉楼春》）等，都显得旷达豪放。

欧阳修有一首名篇《浪淘沙》，原文是：把酒祝东风，且共从容。垂杨紫陌洛城东。总是当年携手处，游遍芳丛。聚散苦匆匆，此恨无穷。今年花胜去年红。可惜明年花更好，知与谁同？这首词的新颖之处，在于欧阳修既未写酒筵之盛，也未写饮宴之乐，而是写他举杯，向东风祝祷：希望东风不要匆匆而去，能够停留下来，参加他们的宴饮，与大家一同游赏这大好春光。

欧阳修另一首《渔家傲》写水乡女子采莲时饮酒欢乐的情景，反映了诗人对生活的细腻观察。少女的美丽与水乡美景相映成趣，格调清新，这类题材在宋词中不多见。词曰：

> 花底忽闻敲两桨，
> 逡巡女伴来寻访。
> 酒盏旋将荷叶当，莲舟荡，
> 时时盏里生红浪。
> 花气酒香清厮酿，花腮酒面红相向。
> 醉倚绿阴眠一饷，惊起望，
> 船头搁在沙滩上。

李清照出阁前的醉酒

李清照是婉约派词人，大宋词坛的"女汉子"，也是个酒道中人！

出阁前就醉了三回，有一次喝得无法辨别回家的路，误入了荷花池中，这酒吃得应该是"半酣"，居然没掉进水里。写下了《如梦令》一：

> 常记溪亭日暮，
> 沉醉不知归路。

兴尽晚回舟，

误入藕花深处。

争渡，争渡，

惊起一滩鸥鹭。

待日头一出，丫鬟来卷帘子时给惊醒了，还不忘关心那院里的海棠，向丫鬟打听雨打花落的情形。触景生情，写下了《如梦令》二：

昨夜雨疏风骤，

浓睡不消残酒。

试问卷帘人，

却道海棠依旧。

知否？知否？

应是绿肥红瘦。

又醉了，倒头便睡。醒来一看，杯中还有残酒，跟琥珀一个颜色，于是写下了《浣溪沙》：

莫许杯深琥珀浓，

未成沉醉意先融，

疏钟已应晚来风。

瑞脑香消魂梦断，

辟寒金小髻鬟松，

醒时空对烛花红。

晚岁登门最不才，萧萧华发映金罍。不堪丞相延东阁，闲伴诸儒老曲台。佳节久从愁里过，壮心偶傍醉中来。暮归冲雨寒无睡，自把新诗百遍开。

苏洵压卷之作

苏洵（1009—1066年），字明允，号老泉。文列唐宋八大家，语言明畅，笔力雄健，与苏轼、苏辙合称"三苏"。苏洵晚年才入仕途，只当了几任很小的官，常有怀才不遇之感。1065年重阳节，苏洵参加了韩琦（官至宰相，对苏洵有知遇之恩）家宴。席间，韩琦赋诗，苏洵当晚写了这首和诗，半年后病逝。

在今存近50首苏洵诗中，这首堪称他的压卷之作。诗中"佳节久从愁里过，壮心偶傍醉中来"尤为历代评论家称赏。重阳节历来是人们登高赏菊、饮酒赋诗的好日子，但苏洵却在愁里度过。"佳"和"愁"形成鲜明的对比，而"久"字更有丰富的内容。"偶傍"说明他已少有雄心壮志，"醉中"说明未醉时已清醒感到壮志难酬。"傍""来"二字仍表现出"烈士暮年，壮心不已"的豪情。

唐伯虎的酒事和酒诗

唐伯虎（1470—1523年），名寅，平生才气纵横，奔放不羁。因科场失败，夫妻分手，而筑室桃花坞，做起了田园浪子，风流隐者，每日饮酒作诗，年54岁而卒。

唐伯虎号称江南第一才子，必然与酒结缘。酒即灵感，喷涌成诗。一次登山，他见几位游客饮酒赋诗，便假装乞丐，欲和诗一首。游客把笔给他，他先大书"一上"二字，游客大笑；他又书"一上"二字，游客便说："乞丐哪会作诗。"唐伯虎说："吾性嗜酒，必饮后而作诗。君能惠我以酒乎？"饮酒后，他一挥而就："一上一上又一上，一上直到高山上。举着红日白云低，四海五湖皆一望。"至此，游客方知他不是等闲之辈。还有一次，唐伯虎与朋友饮得大醉，朋友出对曰："贾岛醉来非假倒。"他稍加思索，便对"刘伶饮尽不留零"。由此可见他的非凡之才。

《唐伯虎全集》中多有酒诗。他住在桃花坞里，筑一座桃花庵，自称"桃花仙人"。他常在这里召请朋友，开怀痛饮。唐伯虎不羡慕富贵，也不自鸣清高。他要的是自由自在，尽情享乐。他的酒诗中，有的是科举失意的自我解嘲，又有乐天知命的自我陶醉，还有赏花饮酒之趣的人生哲学。他在《老少年》中写道："人为多愁少年老，花为无愁老少年。年老少年都不管，且将诗酒醉花前。"

唐伯虎不仅留下了许多酒诗，还有许多酒事趣闻。据说，新婚后，唐伯虎随妻子回娘家，醉酒卧床。小姨子见被子拖于床下，便上前为他盖被。他以为是妻子，便伸手拉她。于是，小姨在墙上题诗："好心来扶被，不该拉我衣；我道是君子，原来是赖皮……可气，可气！"

唐伯虎醒来见诗，无地自容，也在旁边题诗一首："酒醉烂如泥，不分东和西。我道房中妻，原来是小姨……失礼，失礼！"岳母见诗，知是误会，在后续一诗："女婿拉妻衣，不防拉小姨；怪我多劝酒，使他眼迷离……莫疑，莫疑！"遂招唐伯虎和小姨同来看诗，一场误会顷刻化解。

文天祥最后的除夕诗

文天祥（1236—1283年），字履善，号文山，江西吉安人。1278年被俘，拒绝元军诱降，囚于燕京四年，1283年殉国，是我国历史上著名的民族英雄。他的"人生自古谁无死，留取丹心照汗青"（《过零丁洋》）是千古不朽的名句。

在燕京牢狱里，他写了一首《除夜》酒诗："乾坤空落落，岁月去堂堂。末路惊风雨，穷边饱雪霜。命随年欲尽，身与世俱忘。无复屠苏梦，挑灯夜未央。"这是文天祥在人世间过最后一个除夕时作的诗，反映了他的精神状态。

古代风俗，元旦日，合家团聚饮屠苏酒。可此刻诗人独处囚室，只有孤灯相伴，恐怕连饮屠苏酒的梦也不会做了。今昔的强烈对比，令人倍觉凄凉。漫漫长夜，何时才是尽头？诗人夜不能寐，孤灯独坐，一遍又一遍地挑着灯花。多少忠愤之情，多少难言之意，都包含在这默默无语的"挑灯"动作里了。诗人所表现的身陷牢狱，仍心系天下安危的宽广胸怀和面对死亡无所畏惧，慷慨从容的精神状态，永远鼓舞着后人。

杨慎作酒词《临江仙》

杨慎（1488—1559年），字用修，号升庵，诗词古文以及散曲俱佳，在明代诗坛独成一家。他的一首《临江仙》感动了无数人。原文是这样的：

滚滚长江东逝水，浪花淘尽英雄。

是非成败转头空。

青山依旧在，几度夕阳红。

白发渔樵江渚上，惯看秋月春风。

一壶浊酒喜相逢。

古今多少事，都付笑谈中。

杨慎晚年所写的这首《临江仙》词，以极其清空的意境，概括出世事沧桑。而那畅饮浊酒，笑谈古今的白发渔樵，何等潇洒旷达，超然物外，不正是令历代文士倾慕不已的高人隐士的化身吗？参透时事，无怨无忧，粗疏浊酒，风雅之极也。它具有十分广泛的代表性，故而清初毛宗岗父子取之置于《三国演义》卷首，"青山依旧在，几度夕阳红"，清词丽景而凝炼形象，不仅三国风烟尽寓其中，而且更让人纵横古今，回味无穷，恍然妙语。试想江渚之上，高谈阔论，若无一壶浊酒任其驱遣，怎能如此神思敏捷，谈风甚健。酒不仅成为口舌之享受，而且成为精神之寄托。正是在酒中注入了深情，所以无论是饮琼浆玉液，还是喝浊酒村醪，都具有一种临风若仙的飘逸之美

醉里挑灯看剑

在诗词曲中，论写酒，辛弃疾当为千古独步。一是他的饮酒词数量多；二是他的饮酒词寄托深远；三是文采斐然，耐读耐嚼，充满阳刚之气；四是醉态写得极妙。

辛弃疾的词与苏轼并称，是豪放派集大成者。现存词600

余首，作品以热烈奔放、气概豪迈、沉郁悲壮、笔力雄健为主要特色。辛弃疾一生好饮，想打仗打不成，不得不常常以酒为伴。他的《破阵子·为陈同甫赋壮词以寄之》是这样写的："醉里挑灯看剑，梦回吹角连营。八百里分麾下炙，五十弦翻塞外声。沙场秋点兵。马作的卢飞快，弓如霹雳弦惊。了却君王天下事，赢得生前身后名。可怜白发生。"读这首词，我们仿佛看到辛弃疾在更深人静、万籁俱寂之时，思潮汹涌，无法入睡，只好独自饮酒。收复失地的理想无法实现，只能在醉里看灯，也只能在梦中驰骋沙场。

醉汉的丑态是极不雅观的，而辛弃疾写自己的醉态，却十分有情趣。《西江月·遣兴》是如此描述的：醉里且贪欢笑，要愁哪得功夫。近来始觉古人书，信着全无是处。昨夜松边醉倒，问松"人醉如何"？只疑松动要来扶，以手推松曰："去"！此词题为"遣兴"，实为借酒浇愁，以旷达的方式发泄内心对南宋当局表里不一的不满。

辛弃疾的酒词，风格多样，亦有新变。他在1196年闲居瓢泉时，写过一首《沁园春·将止酒，戒酒杯使勿近》，题目就很新颖，将酒杯人格化。从词中看，辛弃疾对酒是有感情的，但由于醉酒致病后，对酒的痛恨又是深刻的。最有趣的是，酒杯表示随叫随到，又看出酒对人的诱惑力是相当大的。他知道饮酒"过则为灾"，但作为一个报国无门的文武双全之士，郁闷中又离不开酒。欲罢不能，矛盾得很。他在另一首同调的词序中说："城中诸公载酒入山，余不得以止酒为解，遂破戒一醉。"他不经常破戒，一醉也未必大醉，他是把"点检形骸""过则为灾"作为戒酒信条的，对今天的嗜酒烂醉者，不无借鉴价值。

康乾千叟宴

康熙五十二年(1713年)三月，清圣祖康熙皇帝60岁生日，他认为"自秦汉以降，称帝者一百九十有三，享祚绵长，无如朕之久者"。决定举办万寿庆典。

康熙六十一年(1722年)农历正月，康熙帝年届69岁，为了预庆自己70岁生日，他在乾清宫举办了第二次千叟宴。

乾隆五十年(1785年)正月初六日，适逢乾隆喜添五世孙，乾隆在乾清宫举行了千叟宴。约有3000余人共聚一堂。当时推为上座的是最长寿的百岁老人郭钟岳，据说已有141岁。乾隆和纪晓岚为这位老人作了一个对子：花甲重开，外加三七岁月；古稀双庆，内多一个春秋。

在宴会的过程中，太上皇召请王公一品大臣与宴会中九十岁以上的老叟，到御座前，亲自赐给他们御酒。乾隆称106岁老人熊国沛和100岁老人邱成龙"百岁寿民""升平人瑞"，赏六品顶戴。饮馔观剧结束后，与宴人员即席赋诗，结集的诗作共有3497首。

这次千叟宴后，乾隆帝以太上皇身份继续掌控朝政3年，直到他驾崩，中国历史上的"康乾盛世"也在千叟宴的喧闹中画上了句号。

慈禧用"莲花白"驭重臣

光绪八年（1882年），慈禧太后下旨："令所有三海（南海、中海、北海）莲花叶藕均着严管，不许再动，以备赏玩。"重要的是，她要用莲花酿制一种珍贵的滋补酒，名为莲花白。

自唐朝起，药酒的养生保健作用得到越来越多的重视，帝王常把药酒赏赐亲近的大臣。慈禧以莲花白酒赏赐亲信之臣，更是把酒作为政治手段来使用了。这大大抬高了莲花白酒的地位，京师权贵也以能饮到此酒为荣。

据说，清朝末年，权倾朝野的慈禧太后，每逢农历六月二十五日的莲花节，她常在瀛台翔鸾阁，面对红荷白莲摆下莲花白酒宴，邀宴皇亲与文武大臣在此消暑、品酒赏花。莲花白酒成为其笼络权臣的一种工具。由于配方保密，禁止民间私造，莲花白酒仅流行于清宫宫廷。

据传，每年莲花节，宫中赴宴喝莲花白酒成为清朝官员得宠的晴雨表，王公大臣以能得到慈禧太后邀请赴宴为荣。

慈禧用一瓶酒牢牢地驭住了桀骜的清廷重臣，站在权力之巅达半个世纪。

鉴藏白酒的工作场景及酒窖

后记

　　我用几十年时间收藏中国陈年老酒，又花几年时间整理并编写这本书，今天终于梦想成真。于是，我常问自己，搭上几十年光阴，只为做成这件事，值吗？答案是肯定的，值，非常值！

　　值在时针可以回到原点，但是再也不是从前。黄金有价，时间无价；值在岁月如歌，藏酒开阔了我的视野，丰富了我的人生，慰藉了我的心灵；值在暮然回首，曾经的奢侈品不再高贵，茅台之上，唯有老酒。

　　只有经历岁月洗礼，才能沉淀更美的芳华。我的芳华在这本书里，那些由一瓶又一瓶老酒构成的故事，如今已变成图文，构成系列，形成特色，留在纸上。这一切，是我人生的一个重要阶段，一道美丽风景，一段难忘记忆。

　　可以说，藏酒是我的"第二血液"。酒里藏着我的人生，几十年来，仅我手写的藏酒登记册就用去厚厚的30多本，重量达二三十千克。我在登记册里记录的不仅是老酒信息，更是一个时代的缩影，亦为陶冶一种性情。

　　在中国，酒，既不是朝阳产业，也不是夕阳产业，而是永远不落的太阳。只要中国酒业在，酿酒、卖酒、喝酒、藏酒的产业链就会生生不息。我写这本书一不是为了拉风，二不是为了银两，而是为了致敬中国酒业，敬献天下酒友。

　　一路走来，为了收藏中国老酒，我踏遍千山万水、历经千辛万苦，尽管过程很辛苦，但是结局很美好；尽管积累很漫长，但是内心很快乐；如果快乐不能与人分享，就不能算是真正的快乐。我编写此书，是为了与读者分享，也是我人生的另一个美好阶段的开始。

　　所有过往，皆为序章；万物明朗，未来可期。在这本书付印之际，我首先要感谢家人长期以来的理解、信任、鼓励和支持，是她们给了我坚持下去的动力。除此，我还从内心感谢上海市出版协会理事长胡国强，是这位新闻界老领导帮助我落实出版事项，还有上海市收藏协会顾问王小明，新老领导吴少华、张坚、胡建勇、李莉，同道葛文华、杨建平等；再有中国老酒圈朋友史进财、于洋、刘振东、张林厚、张继斌、李明强、古飞云、王勇、王海涛、李宏亮、孙和平、陈鹏图、刘泽锦、章映佳等；支持出版的朋友吴志刚、尹学尧、任全翔、王笑菁、寿奎东。我还要特别鸣谢长期以来默默无闻支持我做收藏配套工作的弟兄们，他们是：郑善宝、陆明杰、程仑、刘军强、傅国庆、林顺发、邵力枫、奚根宝、黎明、龚国庆、竺大康、凌平、陈东、张榕、刘海峰等。

　　最后，由于本人识酒尚浅，知识有限，又酒类品种繁多，加上编著时间仓促，不免会有遗漏和差错，敬请各位读者批评指正。

李耀强

2023 年 11 月 2 日

图书在版编目（CIP）数据

酒多自醉：一个人的酒博汇 / 李耀强著. -- 上海：
上海文化出版社，2023.11
ISBN 978-7-5535-2839-7

Ⅰ．①酒… Ⅱ．①李… Ⅲ．①酒文化－中国 Ⅳ.
①TS971.22

中国国家版本馆CIP数据核字(2023)第207456号

出 版 人 姜逸青

责任编辑 吴志刚

策　　划 胡建勇

统　　筹 尹学尧　郑善宝

图片整理 陆明杰　王笑菁

装帧设计 王　伟

书　　名 酒多自醉：一个人的酒博汇

著　　者 李耀强

出　　版 上海世纪出版集团　上海文化出版社

地　　址 上海市闵行区号景路159弄A座3楼 201101

发　　行 上海文艺出版社发行中心

　　　　　上海市闵行区号景路159弄A座2楼 201101 www.ewen.co

印　　刷 浙江经纬印业股份有限公司

开　　本 889×1194 1/16

印　　张 34

版　　次 2023年12月第一版 2023年12月第一次印刷

书　　号 ISBN 978-7-5535-2839-7/TS.094

定　　价 890.00元

敬告读者 如发现本书有质量问题请与印刷厂质量科联系　电话：400-030-0576